技工院校“十四五”规划室内设计专业系列教材

中等职业技术学校“十四五”规划艺术设计专业系列教材

室内设计图册编排

（CorelDRAW）

吕春兰 练丽红 孙铁汉 主编

朱江 熊浩 副主编

華中科技大學出版社

http://www.hustp.com

中国·武汉

内容简介

本书以基础理论知识结合实例操作的形式讲解了 CorelDRAW 2017 软件的基本操作与核心功能，以及 CorelDRAW 2017 软件在 logo 设计、版面设计、海报设计、书籍封面设计等领域的实例应用。本书共 4 个项目 16 个学习任务，内容包括 CorelDRAW 2017 基础知识、CorelDRAW 2017 的基本操作、图像的基础知识、基本图形的绘制、线条的绘制和编辑、对象的操作与管理、轮廓线编辑与色彩填充、文本的处理、交互式工具的使用、位图的编辑处理、logo 设计与技能实训、版面设计与技能实训、宣传海报设计与技能实训、书籍封面设计与技能实训、家居空间设计图册编排案例实训及商业空间设计图册编排案例实训等。本书从基础知识到案例实训，层层推进。读者在学习了 CorelDRAW 2017 软件的基础理论知识之后，可通过案例实训了解室内设计图册编排的方法和技巧，掌握运用 CorelDRAW 2017 工具进行室内设计图册编排的相关技能。

图书在版编目（CIP）数据

室内设计图册编排：CorelDRAW / 吕春兰，练丽红，孙铁汉主编．—武汉：华中科技大学出版社，2022.1

ISBN 978-7-5680-7862-7

Ⅰ．①室… Ⅱ．①吕… ②练… ③孙… Ⅲ．①室内装饰设计－计算机辅助设计－图形软件－教材 Ⅳ．① TU238.2-39

中国版本图书馆 CIP 数据核字 (2022) 第 005866 号

室内设计图册编排（CorelDRAW）

Shinei Sheji Tuce Bianpai （CorelDRAW）

吕春兰 练丽红 孙铁汉 主编

策划编辑：金　紫

责任编辑：陈　骏

责任校对：王朝凝

装帧设计：金　金

责任监印：朱　玢

出版发行：华中科技大学出版社（中国•武汉）　电　话：（027）81321913

武汉市东湖新技术开发区华工科技园　邮　编：430223

录　排：天津清格印象文化传播有限公司

印　刷：湖北新华印务有限公司

开　本：889mm×1194mm 1/16

印　张：9

字　数：288 千字

版　次：2022 年 1 月第 1 版第 1 次印刷

定　价：55.00 元

技工院校“十四五”规划室内设计专业系列教材
中等职业技术学校“十四五”规划艺术设计专业系列教材
编写委员会名单

● 编写委员会主任委员

文健（广州城建职业学院科研副院长）

王博（广州市工贸技师学院文化创意产业系室内设计教研组组长）

罗菊平（佛山市技师学院设计系副主任）

叶晓燕（广东省交通城建技师学院艺术设计系主任）

宋雄（广州市工贸技师学院文化创意产业系副主任）

谢芳（广东省理工职业技术学校室内设计教研室主任）

吴宗建（广东省集美设计工程有限公司山田组设计总监）

刘洪麟（广州大学建筑设计研究院设计总监）

曹建光（广东建安居集团有限公司总经理）

汪志科（佛山市拓维室内设计有限公司总经理）

● 编委会委员

张宪梁、陈淑迎、姚婷、李程鹏、阮健生、肖龙川、陈杰明、廖家佑、陈升远、徐君永、苏俊毅、邹静、孙佳、何超红、陈嘉銮、钟燕、朱江、范婕、张淏、孙程、陈阳锦、吕春兰、唐楚柔、高飞、宁少华、麦绮文、赖映华、陈雅婧、陈华勇、李儒慧、阚俊莹、吴静纯、黄雨佳、李洁如、郑晓燕、邢学敏、林颖、区静、任增凯、张琮、陆妍君、莫家娉、叶志鹏、邓子云、魏燕、葛巧玲、刘锐、林秀琼、陶德平、梁均洪、曾小慧、沈嘉彦、李天新、潘启丽、冯晶、马定华、周丽娟、黄艳、张夏欣、赵崇斌、邓燕红、李魏巍、梁露茜、刘莉萍、熊浩、练丽红、康弘玉、李芹、张煜、李佑广、周亚蓝、刘彩霞、蔡建华、张嫄、张文倩、李盈、安怡、柳芳、张玉强、夏立娟、周晟恺、林挺、王明觉、杨逸卿、罗芬、张来涛、吴婷、邓伟鹏、胡彬、吴海强、黄国燕、欧浩娟、杨丹青、黄华兰、胡建新、王剑锋、廖玉云、程功、杨理琪、叶紫、余巧倩、李文俊、孙靖诗、杨希文、梁少玲、郑一文、李中一、张锐鹏、刘珊珊、王奕琳、靳欢欢、梁晶晶、刘晓红、陈书强、张劼、罗茗铭、曾蔷、刘珊、赵海、孙明媚、刘立明、周子渲、朱苑玲、周欣、杨安进、吴世辉、朱海英、薛家慧、李玉冰、罗敏熙、原浩麟、何颖文、陈望望、方剑慧、梁杏欢、陈承、黄雪晴、罗活活、尹伟荣、冯建瑜、陈明、周波兰、李斯婷、石树勇、尹庆

● 总主编

文健，教授，高级工艺美术师，国家一级建筑装饰设计师。全国优秀教师，2008 年、2009 年和 2010 年连续三年获评广东省技术能手。2015 年被广东省人力资源和社会保障厅认定为首批广东省室内设计技能大师，2019 年被广东省教育厅认定为建筑装饰设计技能大师。中山大学客座教授，华南理工大学客座教授，广州大学建筑设计研究院室内设计研究中心客座教授。出版艺术设计类专业教材 120 种，拥有自主知识产权的专利技术 130 项。主持省级品牌专业建设、省级实训基地建设、省级教学团队建设 3 项。主持 100 余项室内设计项目的设计、预算和施工，内容涵盖高端住宅空间、办公空间、餐饮空间、酒店、娱乐会所、教育培训机构等，获得国家级和省级室内设计一等奖 5 项。

合作编写单位

（1）合作编写院校

广州市工贸技师学院
佛山市技师学院
广东省交通城建技师学院
广东省理工职业技术学校
台山敬修职业技术学校
广州市轻工技师学院
广东省华立技师学院
广东花城工商高级技工学校
广东省技师学院
广州城建技工学校
广东岭南现代技师学院
广东省国防科技技师学院
广东省岭南工商第一技师学院
广东省台山市技工学校
茂名市交通高级技工学校
阳江技师学院
河源技师学院
惠州市技师学院
广东省交通运输技师学院
梅州市技师学院
中山市技师学院
肇庆市技师学院
江门市新会技师学院
东莞市技师学院
江门市技师学院
清远市技师学院
山东技师学院
广东省电子信息高级技工学校
东莞实验技工学校
广东省粤东技师学院
珠海市技师学院
广东省机械技师学院
广东省工商高级技工学校
广东江南理工高级技工学校
广东羊城技工学校
广州市从化区高级技工学校
广州造船厂技工学校
海南省技师学院
贵州省电子信息技师学院

（2）合作编写组织

广东省集美设计工程有限公司
广东省集美设计工程有限公司山田组
广州大学建筑设计研究院
中国建筑第二工程局有限公司广州分公司
中铁一局集团有限公司广州分公司
广东华坤建设集团有限公司
广东翔顺集团有限公司
广东建安居集团有限公司
广东省美术设计装修工程有限公司
深圳市卓艺装饰设计工程有限公司
深圳市深装总装饰工程工业有限公司
深圳市名雕装饰股份有限公司
深圳市洪涛装饰股份有限公司
广州华浔品味装饰工程有限公司
广州浩弘装饰工程有限公司
广州大辰装饰工程有限公司
广州市铂域建筑设计有限公司
佛山市室内设计协会
佛山市拓维室内设计有限公司
佛山市星艺装饰设计有限公司
佛山市三星装饰设计工程有限公司
广州瀚华建筑设计有限公司
广东岸芷汀兰装饰工程有限公司
广州翰思建筑装饰有限公司
广州市玉尔轩室内设计有限公司
武汉半月景观设计公司
惊喜（广州）设计有限公司

序言

技工教育是中国职业技术教育的重要组成部分，主要承担培养高技能产业工人和技术工人的任务。随着“中国制造 2025”战略的逐步实施，建设一支高素质的技能人才队伍是实现规划目标的必备条件。如今，技工院校的办学水平和办学条件已经得到很大的改善，进一步提高技工院校的教育、教学水平，提升技工院校学生的职业技能和就业率，弘扬和培育工匠精神，打造技工教育的特色，已成为技工院校的共识。而技工院校高水平专业教材建设无疑是技工教育特色发展的重要抓手。

本套规划教材以国家职业标准为依据，以培养学生的综合职业能力为目标，以典型工作任务为载体，以学生为中心，根据典型工作任务和工作过程设计教材的项目和学习任务。同时，按照职业标准和学生自主学习的要求进行教材内容的设计，结合理论教学与实践教学，实现能力培养与工作岗位对接。

本套规划教材的特色在于，在编写体例上与技工院校倡导的“教学设计项目化、任务化，课程设计教、学、做一体化，工作任务典型化，知识和技能要求具体化”紧密结合，体现任务引领实践的课程设计思想，以典型工作任务和职业活动为主线设计教材结构，以职业能力培养为核心，将理论教学与技能操作相融合作为课程设计的抓手。本套规划教材在理论讲解环节做到简洁实用，深入浅出；在实践操作训练环节体现以学生为主体的特点，创设工作情境，强化教学互动，让实训的方式、方法和步骤清晰明确，可操作性强，并能激发学生的学习兴趣，促进学生主动学习。

为了打造一流品质，本套规划教材组织了全国 40 余所技工院校共 100 余名一线骨干教师和室内设计企业的设计师（工程师）参与编写。校企双方的编写团队紧密合作，取长补短，建言献策，让本套规划教材更加贴近专业岗位的技能需求和技工教育的教学实际，也让本套规划教材的质量得到了充分保证。衷心希望本套规划教材能够为我国技工教育的改革与发展贡献力量。

技工院校“十四五”规划室内设计专业系列教材
中等职业技术学校“十四五”规划艺术设计专业系列教材　总主编

教授 / 高级技师　文健

2020 年 6 月

前言

本书供室内设计专业人员编排室内设计图册时使用，本书让学习者从零基础开始学习 CorelDRAW 2017 软件的基本功能、基本操作命令，并结合案例实训让学习者掌握室内设计图册的编排方法和技巧。

本书从 CorelDRAW 2017 软件的基础知识学习开始入手，重点讲解了 CorelDRAW 2017 的工具应用，案例实训部分从 logo 设计、版面设计、宣传海报设计及书籍封面设计的案例实操练习，让学习者掌握编排设计图册的方法技巧。最后本书列举了具有代表性的两个室内设计图册编排的案例：一是家居空间设计图册编排案例，二是商业空间设计图册编排案例。这两个案例完整呈现了编排一份室内设计图册时编排者需要考虑的版面风格、文字搭配、颜色选择等。

本书在编写体例上与技工院校倡导的教学设计项目化、任务化，课程设计教实一体化，工作任务典型化，知识和技能要求具体化等要求紧密结合，体现任务引领实践导向的课程设计思想，以典型工作任务和职业活动为主线设计本书结构，同时以职业能力培养为核心，理论教学与技能操作融会贯通为课程设计的抓手。本书在理论讲解环节做到简洁实用，深入浅出；在实践操作训练环节，体现以学生为主体，创设工作情境，强化教学互动，让实训的方式、方法和步骤清晰，可操作性强，适合技工院校的学生练习，并能激发学生的学习兴趣，调动学生主动学习。

本书项目一由惠州市技师学院熊浩老师编写，项目二由惠州市技师学院朱江老师编写，项目三由广东花城工商高级技工学校孙铁汉老师编写，项目四由惠州市技师学院练丽红老师和佛山市技师学院吕春兰老师编写，在此表示衷心的感谢。由于编者的学术水平有限，本书难免存在一些不足之处，敬请读者批评指正。

吕春兰

2021 年 9 月

课时安排（建议课时 76）

项目	课程内容	课时	
项目一 CorelDRAW 2017 基础知识	学习任务一　CorelDRAW 2017 基础知识	2	8
	学习任务二　CorelDRAW 2017 的基本操作	4	
	学习任务三　图像的基础知识	2	
项目二 CorelDRAW 2017 快速入门	学习任务一　基本图形的绘制	4	28
	学习任务二　线条的绘制和编辑	4	
	学习任务三　对象的操作与管理	4	
	学习任务四　轮廓线编辑与色彩填充	4	
	学习任务五　文本的处理	4	
	学习任务六　交互式工具的使用	4	
	学习任务七　位图的编辑处理	4	
项目三 CorelDRAW 2017 设计应用	学习任务一　logo 设计与技能实训	6	24
	学习任务二　版面设计与技能实训	6	
	学习任务三　宣传海报设计与技能实训	6	
	学习任务四　书籍封面设计与技能实训	6	
项目四 室内设计图册 编排实训	学习任务一　家居空间设计图册编排案例实训	8	16
	学习任务二　商业空间设计图册编排案例实训	8	

目录

项目一 CorelDRAW 2017 基础知识

项目二 CorelDRAW 2017 快速入门

项目三 CorelDRAW 2017 设计应用

项目四 室内设计图册编排实训

项目一

CorelDRAW 2017 基础知识

CorelDRAW 2017 基础知识

教学目标

（1）专业能力：能够了解 CorelDRAW 2017 的基本信息及其用途等相关知识。

（2）社会能力：能下载和安装 CorelDRAW 2017 软件。

（3）方法能力：具备资料整理能力、电脑操作能力。

学习目标

（1）知识目标：了解 CorelDRAW 2017 的相关基础信息。

（2）技能目标：能下载和安装 CorelDRAW 2017 软件，并了解软件的用途。

（3）素质目标：培养学习善于记录、总结和自主学习的能力，以及严谨、细致的学习态度。

教学建议

1. 教师活动

（1）备自己：爱岗敬业、关注学生、掌握教材、技能过硬、升华教学，提高艺术性。

（2）备学生：准备课件、准备教具、了解学生、以人为本、因材施教，针对性教学。

（3）备课堂：仪表庄重、讲授清晰、示范准确、教法得当、重点突出、爱护学生。

2. 学生活动

（1）课前活动：提前预习课本知识、准备好学习工具。

（2）课堂活动：认真听讲并做好笔记、完成课堂练习。

（3）课后活动：完成课后作业，学会举一反三，总结学习心得。

（4）专业活动：了解 CorelDRAW 2017 软件的基础知识并完成指定的学习任务。

一、学习问题导入

各位同学，大家好！今天我们一起来学习 CorelDRAW 2017 软件。同学们先看看图 1-1 和图 1-2。第一张是彩色人物肖像插画，第二张是某企业的 VI 设计作品。大家看完这两张图是不是觉得这些作品既满足了人们视觉审美的需求，又体现了产品的设计概念？同学们想知道这些作品是用什么软件制作的吗？这款软件能够在哪些方面发挥作用呢？

图 1-1　彩色人物肖像插画

图 1-2　某企业的 VI 设计作品

二、学习任务讲解

1.CorelDRAW 2017 基础知识

（1）CorelDRAW 2017 简介。

CorelDRAW 是加拿大 Corel 公司开发的产品。CorelDRAW 是一个矢量图绘图软件，功能强大，界面简洁、明快，能够很好地满足设计专业人士的图形图像处理需要。CorelDRAW 第一版在 1989 年问世，引入了全色矢量插图和版面设计程序，填补了该领域的空白。从最初的低版本发展至今已有 30 余年的历史，常见的历史版本有 CorelDRAW 8、CorelDRAW 9、CorelDRAW 10、CorelDRAW 11、CorelDRAW 12、CorelDRAW X3、CorelDRAW X4、CorelDRAW X5、CorelDRAW X6、CorelDRAW 2017 等。该软件经过不断更新、不断完善工具和新增功能，结束了单一的矢量绘图，发展到目前的全能绘图软件包。本书主要讲授矢量绘图和排版软件 CorelDRAW 2017。

CorelDRAW 2017 是一个专业图形设计软件，借助其丰富的内容和专业图形设计、照片编辑和网站设计功能，设计人员可以随心所欲地实现自己的创意。该软件广泛运用于插画设计、字体设计、广告设计、VI 设计、包装设计、界面设计、排版设计、产品设计等领域。CorelDRAW 2017 新增了很多功能，如使用全新的 LiveSketch 绘图工具、增强触控笔和触摸功能等功能、界面、工作区、字体筛选、搜索功能和兼容性等方面也进行了更新。

（2）像素。

像素原意为点阵中的图形元素，就是图形的点。简单地说就是组成画面的点。像素有两个属性：其一是位图图像中的每一个像素都具有的特定位置；其二是可以利用位分辨率进行度量颜色的深度。除某些特殊标准外，像素都是正方形的，而且各个像素的尺寸也是完全相同的。像素是图形元素最小的度量单位。位图图像由大量像素以行和列的方式排列形成，因此位图图像通常表现为矩形外貌。

（3）图像分辨率。

分辨率是和图像处理有关的一个重要概念，它是衡量图像细节表现能力的技术参数。但分辨率的表示方法有很多，其含义也各不相同。因此，正确理解分辨率在各种情况下的具体含义，弄清不同表示方法之间的相互关系是很有必要的。分辨率一般包括设备分辨率、网屏分辨率、图像分辨率、扫描分辨率和位分辨率。本书主要讲解图像分辨率，图像分辨率可分为图像的分辨率和图像的位分辨率。

图像的分辨率是指在单位长度内含有的点（像素）的多少，分辨率的单位为 dpi，例如 72dpi 就表示该图像每英寸含有 72 个点或像素。因此，如果已知图像的尺寸和分辨率就可以精确地计算出该图像中全部像素的数目。不同的单位计算出来的分辨率是不同的，一般情况下，图像分辨率的大小以英寸为单位。在数字化图像中，分辨率的大小直接影响图像的质量，分辨率越高，图像就越清晰，所产生的文件就越大，在工作中所需要的内存和处理时间就越长。在创作图像时，不同品质、不同用途的图像应该设置不同的图像分辨率，这样才能合理生成图像作品。例如要打印输出的图像，分辨率就需要高一些；若仅在屏幕上显示，分辨率可以低一些。

图像的位分辨率又称作位深，用于衡量每个像素存储信息的位数。该分辨率可以表示色彩等级，通常有 8 位、16 位、24 位或 32 位色彩。有时也会将位分辨率称为颜色深度。所谓“位”实际上是指 2 的次方数，8 位就是 2 的 8 次方，即 256，因此 8 位颜色深度的图像所能表现的色彩等级只有 256 级。

2. 输出设备

利用 CorelDRAW 软件进行设计后需要对彩色图像进行输出、打印，形成最终的印刷版本的样本。在出胶片或底片之前，从桌面印刷系统生成的校样通常称为数字校样。若要在纸上打印校样，可以使用黑白打印机或彩色打印机打印。大多数打印机生产厂家的产品都能接受来自计算机的数据。在输出时，颜色的质量和输出的清晰度是十分重要的。打印机的分辨率通常是以每英寸多少点（dpi）来衡量的。点数越多，打印质量就越好。而用于生成彩色校样的输出设备通常包括喷墨打印机、彩色激光打印机以及图像照排机等。

喷墨打印机有低档、中档和高档之分。低档喷墨打印机是生成彩色图像成本较低的方式。这些打印机通常采用高频仿色技术，利用墨盒中喷出的墨水来产生颜色。高频仿色过程一般采用青色、洋红、黄色、黑色等，墨水的色点图案可产生上百万种颜色。在许多喷墨打印机里，色点图案是容易看出的，颜色也不是高度精确的。虽然许多新的喷墨打印机以 300dpi 的分辨率输出，但颜色不太精确，因而不能提供高精度输出。中档喷墨打印机的新产品采用的技术提供了比低档喷墨打印机更好的彩色保真度，此类机型有 Epson Stylus Pro 5000。高档喷墨打印机有 Scitex IRISE 打印机及 IRIS Series 3000 打印机。这类打印机通常用于照排中心和广告代理机构。IRIS 打印机可生成质量几乎与原始图片一样的图像，并可改变色彩参数，输出的最小样张为 11 英寸 ×17 英寸。

激光打印机逐步成为高档彩色打印机的替代产品。彩色激光打印技术使用青色、洋红、黄色和黑色墨粉来创建彩色图像。虽然图像质量不如传统彩色热升华打印机高，但彩色激光打印机的输出速度却比传统彩色热升华打印机快，而且耗材的价格相对便宜。

照排机主要用于商业印刷厂，利用 CorelDRAW 设计项目的最后一个内容便是图像照排机。图像照排机是印刷前输出中心使用的一种高级输出设备，以 1200 ~ 3500dpi 的分辨率将图像记录在纸上或胶片上。印刷前输出中心可以在胶片上提供样张（校样），以便预览，然后图像照排机的输出文件被送至商业印刷厂，由商业印刷厂用胶片产生印板，这些印板用在印刷机上以产生最终产品。

3. 印刷输出

设计完成的作品，还需要将其印刷出来以做进一步的封装处理。设计师不但要精通设计，还要熟悉印刷流程及印刷知识，从而使制作出来的设计产品更加精美。作品在设计完后进入印刷流程前，还需注意以下几个问题。

（1）字体。

字体是印刷用字的样式。汉字印刷常用字体有宋体、楷体、仿体、黑体等。有些字体是上述几种字体的变形，比如雅宋体、扁黑体等。不同的字体有不同的使用习惯，例如宋体是应用范围极广的一种字体，无论繁体字、简体字书籍都常用宋体排正文；楷体常用于排标题、引文、说明文字等，有些文学作品或少儿读物也喜欢用楷体排正文；黑体常用作标题或表示重要内容。

（2）字号。

字号是指字体的大小，印刷文字有大、小变化。字处理软件中汉字字形大小的计量和尺寸规格以正方形的汉字为准，目前主要采用印刷业专用的号数制、点数制和级数制。以号数制为例，汉字大小定为七个等级，按一、二、三、四、五、六、七排列。在字号等级之间又增加一些字号，并取名为小几号字，如小四号、小五号等。号数越高，字形越小。号数制的特点是用起来简单、方便，使用时指定字号即可，无需关心字形的实际尺寸。缺点是字大小受号的限制，有时不够用；号数不能直接表达字形的实际尺寸，字号之间没有统一的倍数关系，折算起来不方便等。尽管如此，号数制目前仍是表示字形规格较常用的方法。

（3）纸张。

纸张可分为正度纸及大度纸。在设计时还要注意纸张的开数，所谓开数就切成几份的意思。例如 8 开的纸就是全开的 1/8 大（对切三次）。设计前要先选定纸张尺寸，因为印刷的机器只能使用少数几种纸张（通常是全开），一次印完后再用机器切成所需大小，以免造成不必要的浪费。对应正度及大度纸的标准，印刷常用纸张开数见表 1-1。

表 1-1 印刷常用纸张开数表

正度纸张：787mm×1092mm		大度纸张：889mm×1194mm	
开度：正度	单位：mm	开度：大度	单位：mm
2 开	540×780	2 开	590×880
3 开	360×780	3 开	395×880
4 开	390×543	4 开	440×590
6 开	360×390	6 开	395×440
8 开	270×390	8 开	295×440
16 开	195×270	16 开	220×295
32 开	195×135	32 开	220×145
64 开	135×95	64 开	110×145

三、学习任务小结

通过本次课的学习，同学们已经初步掌握 CorelDRAW 2017 等相关知识，也了解了运用该软件之后进行印刷所需注意事项及相关输出设备的基本信息。下次课会邀请部分同学对今天的知识点进行回顾和总结。

四、课后作业

（1）每位同学在电脑上完成该软件的安装。

（2）请同学们牢记一般常用输出设备及输出时注意事项。

CorelDRAW 2017 的基本操作

教学目标

（1）专业能力：了解 CorelDRAW 2017 的基本操作方法。

（2）社会能力：培养细致、认真、严谨的绘图能力。

（3）方法能力：软件操作能力、资料收集能力。

学习目标

（1）知识目标：了解 CorelDRAW 2017 的工作界面及基础操作方法。

（2）技能目标：能熟练操作 CorelDRAW 2017。

（3）素质目标：培养学生善于记录、总结以及自主学习的习惯。

教学建议

1. 教师活动

（1）备自己：爱岗敬业、关注学生、掌握教材、技能过硬、升华教学，提高艺术性。

（2）备学生：准备课件、准备教具、了解学生、以人为本、因材施教，针对性教学。

（3）备课堂：仪表庄重、讲授清晰、示范准确、教法得当、重点突出，爱护学生。

2. 学生活动

（1）课前活动：预习课本知识、准备好学习工具。

（2）课堂活动：认真听讲并做好笔记、完成课堂练习。

（3）课后活动：完成课后作业，学会举一反三，总结学习心得。

（4）专业活动：了解 CorelDRAW 2017 的基本操作并完成指定的学习任务。

一、学习问题导入

各位同学，大家好！上课前大家先下载 CorelDRAW 2017 软件，并按照步骤进行安装。安装完成后，单击【文件】，再点击【创建】按钮，新建一个文档，并打开 CorelDRAW 2017 的工作界面。我们可以看到 CorelDRAW 2017 的工作界面由标题栏、菜单栏、标准工具栏、工具箱、绘图区、属性栏、状态栏和调色板等操作窗口组成。如图 1-3 所示。这节课我们主要学习这些工具栏的功能及操作方法。

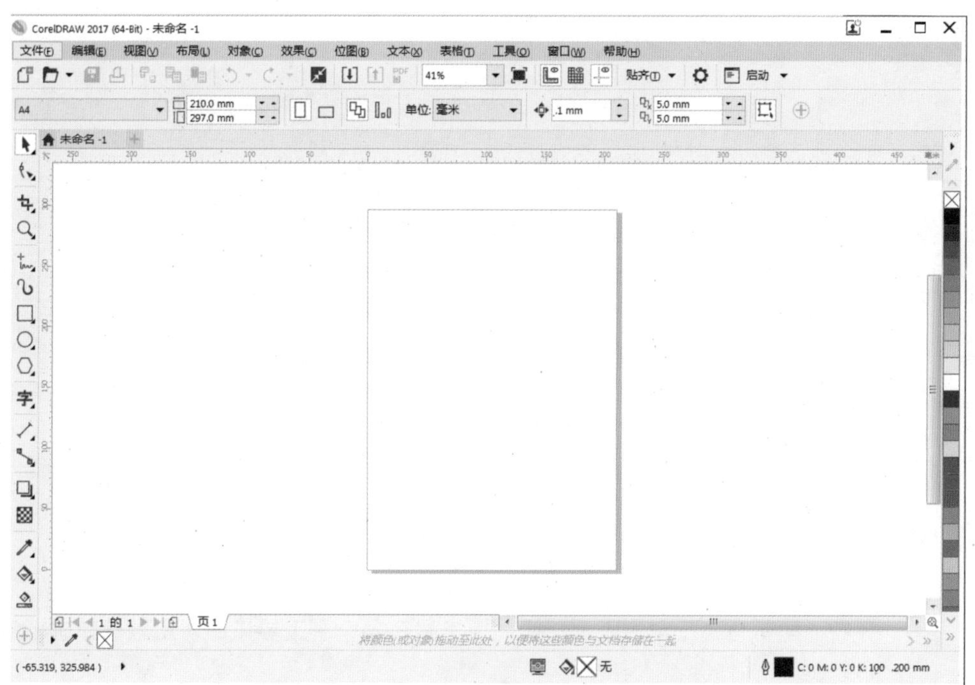

图 1-3　CorelDRAW 2017 的工作界面

二、学习任务讲解

1.CorelDRAW 2017 的基本工作界面

（1）菜单栏。

在 CorelDRAW 2017 菜单栏中共有 12 个菜单选项，分别是文件、编辑、视图、布局、对象、效果、位图、文本、表格、工具、窗口及帮助，如图 1-4 所示。菜单栏可以对图形进行多种编辑操作。

（2）标准工具栏。

CorelDRAW 2017 标准工具栏位于菜单栏的下方，它是由相应工具图标按钮组成的。在实际操作中我们经常会用到这些工具。单击这些小图标后，将执行相应的菜单命令。如果不懂各个图标代表什么功能，可以将鼠标箭头移至相应工具上方即可出现该图标的名称。通过该工具栏可以新建和保存文档，还可以进行打印、复制等操作。常用的工具按钮包括：【新建】按钮，单击可以建立新文档；【打开】按钮，单击可以打开一个已经存在的 CorelDRAW 文档；【保存】按钮，单击可以存储当前文件；【撤销】按钮，单击可以撤销当前操作；【重做】按钮，单击可以进行重做的操作。

（3）工具箱。

在使用 CorelDRAW 2017 绘图的过程中，工具箱较为常用。这里几乎集成了 CorelDRAW 2017 所有

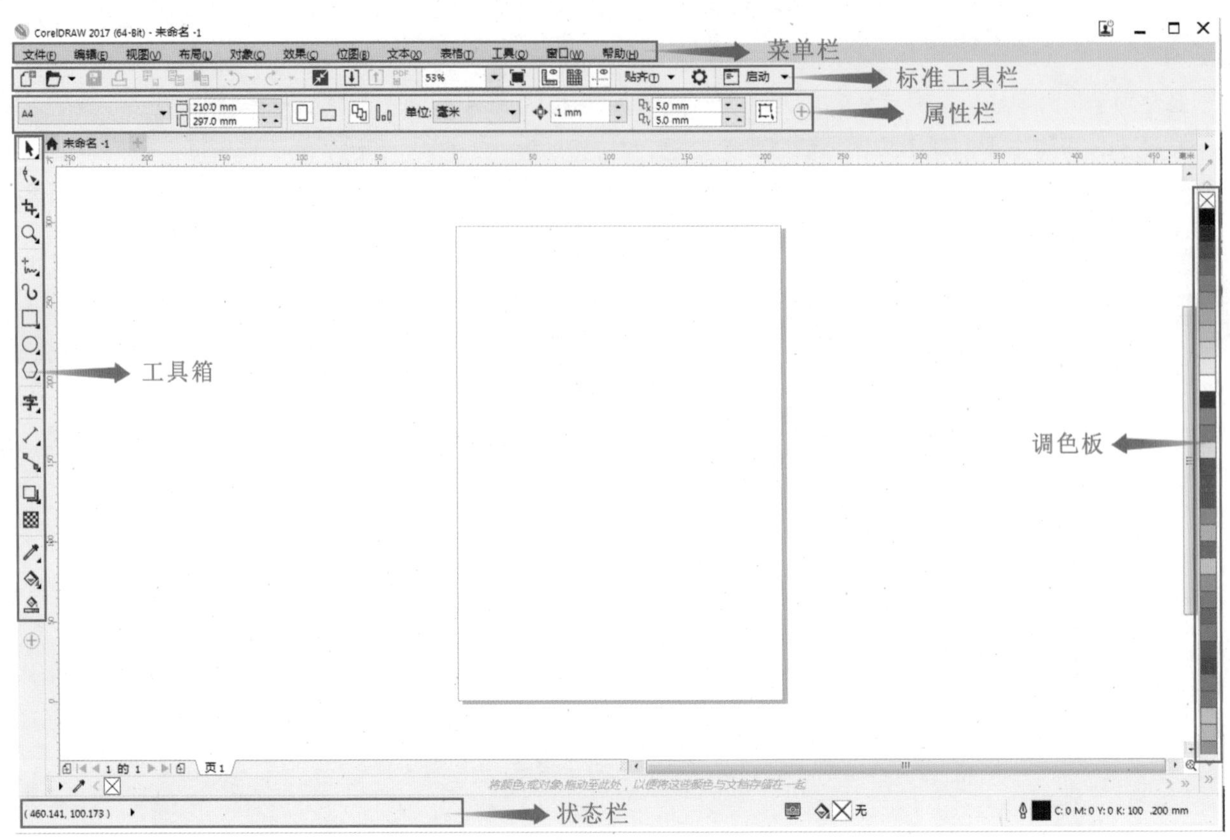

图 1-4　菜单栏

的绘图和编辑工具。在右下角带有小三角的工具按钮代表其具有多个子工具按钮，用鼠标单击相应按钮，子工具栏会自动弹出。

（4）属性栏。

属性栏也是 CorelDRAW 2017 的重要组成部分，位于工具栏的下方。属性栏显示的是 CorelDRAW 2017 中图形对象的属性。CorelDRAW 2017 的属性栏可以根据用户当前选择的工具来显示属性栏上的内容，以扩展当前工具的其他属性设置。

（5）状态栏。

在 CorelDRAW 2017 中，状态栏位于绘图工作区的下方，它用来显示当前操作的图形属性及某些系统信息。

（6）调色板。

调色板位于工作区右侧。如果用鼠标拖动它的标题栏到工作区，将看到调色板窗口，从中可以选择填充颜色。调色板还有其他几种模式，点击菜单中的【窗口】命令，在下拉菜单中单击【调色板】下面的子菜单命令，可以打开其他的调色板。

2. 文件基本操作

想要用 CorelDRAW 2017 设计和制作作品就需要先掌握基础操作。下面介绍 CorelDRAW 2017 的一些简单操作方法。

（1）新建和打开文件 。

启动 CorelDRAW 2017，单击【新建】图标，可以建立一个新的文档；或按【Ctrl+N】组合键新建文件，如图 1-5 所示。在菜单栏单击【文件】，在下拉菜单中点击【从模板新建】图标，可以使用系统默认的模板创建文件，如图 1-6 所示。单击【 】按钮或按【Ctrl+O】组合键，在弹出的【打开绘图】对话框中选择要打开的图形文件。单击菜单栏【文件】，点击【打开最近使用过的文件】，可以打开最近编辑过的图形文件。

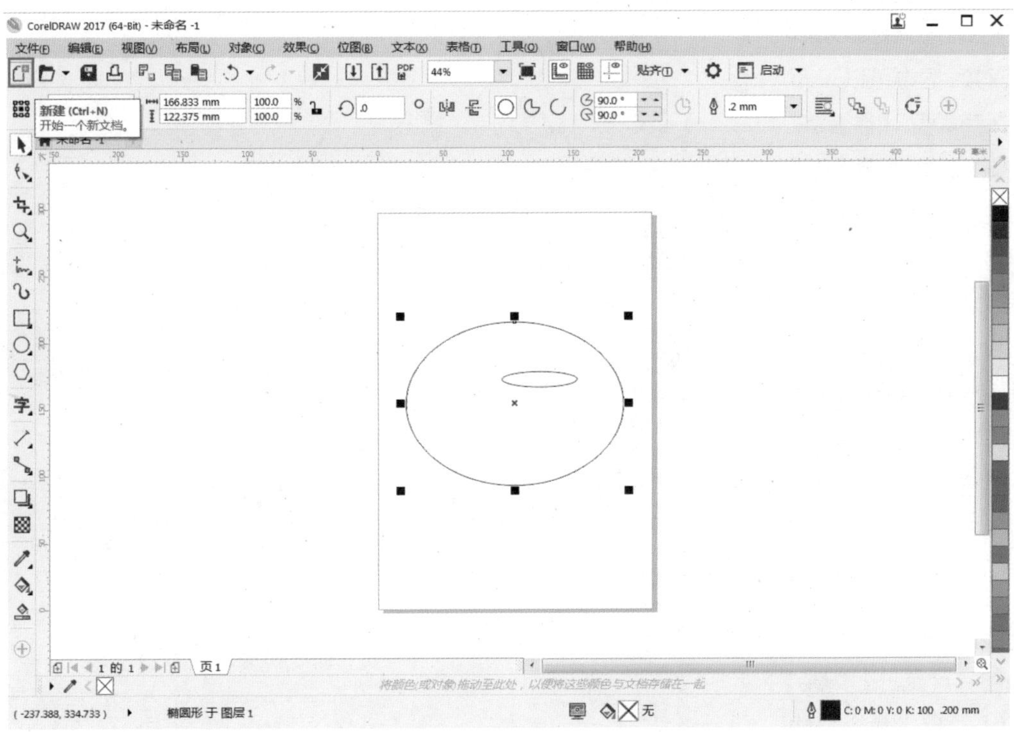

图 1-5 新建文件

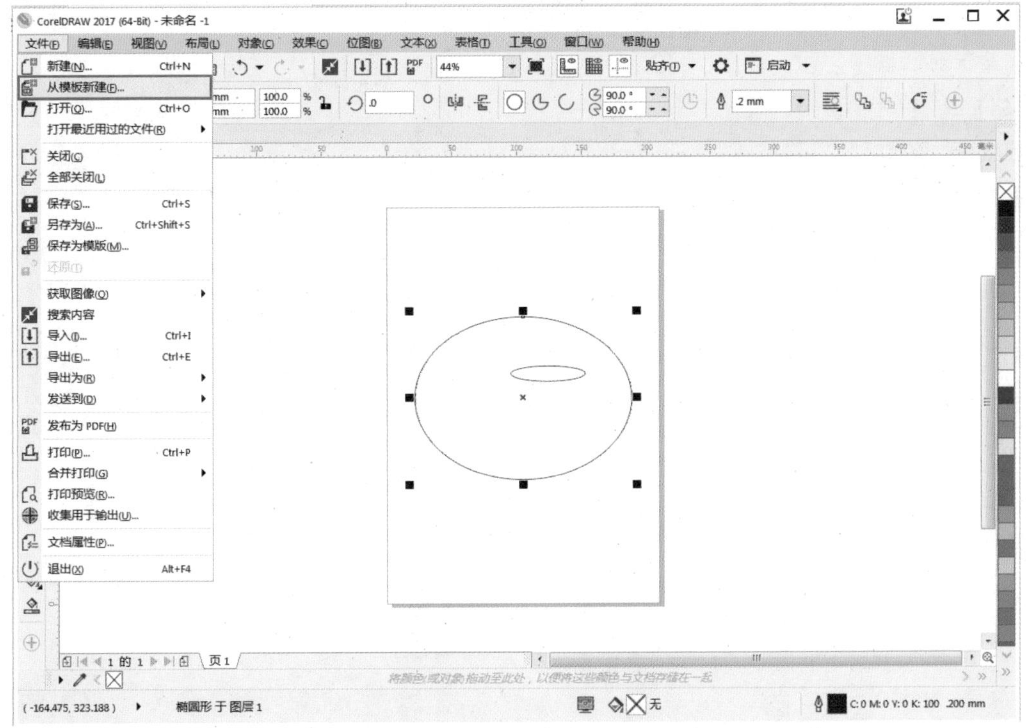

图 1-6 使用系统默认的模板创建文件

（2）保存和关闭文件。

点击【文件】，下拉菜单中点击【保存】命令或按【Ctrl+S】组合键，可以保存制作的文件，如图 1-7 所示。

选择【文件】菜单中【另存为】命令或按【Ctrl+Shift+S】组合键，可保存或更名保存文件，如图 1-8 所示。如果是第一次保存文件，将弹出“保存设置”对话框。在对话框中可以设置“文件名”“保存类型”和“版本”等选项。选择【文件】菜单中【关闭】命令或点击操作界面右上角的【关闭】按钮关闭文件。此时，如果文件未存储，将弹出提示框，询问是否保存文件。单击【是】按钮，保存文件；单击【否】按钮，不保存文件；单击【取消】按钮，取消保存操作，如图 1-9 所示。

（3）导出文件。

如果需要将制作完成的文件导出到外部，可点击【文件】下拉菜单中【导出】命令，或按【Ctrl+E】组合键，弹出如图 1-10 和图 1-11 所示的“导出”对话框。在对话框中，可以设置“文件名”“导出类型”“导出路径”等选项，设置完成后点击【导出】按钮可以将文件导出。

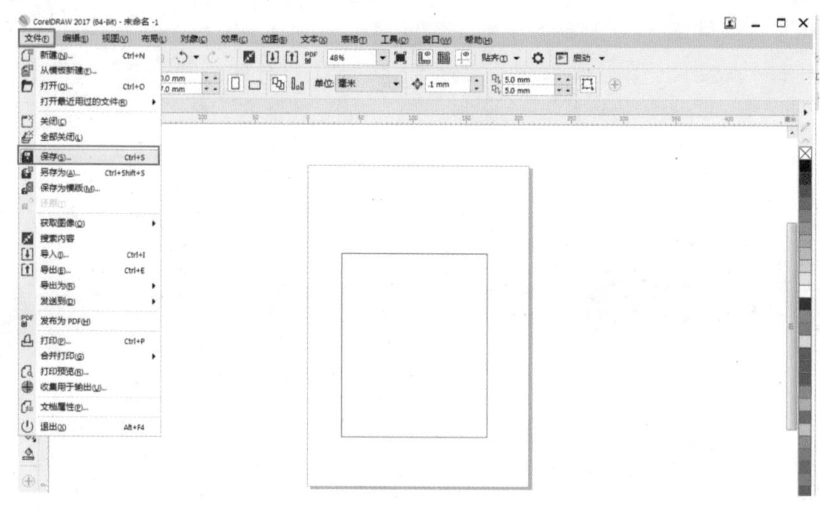

图 1-7　保存制作的文件

图 1-8　保存或更名保存文件

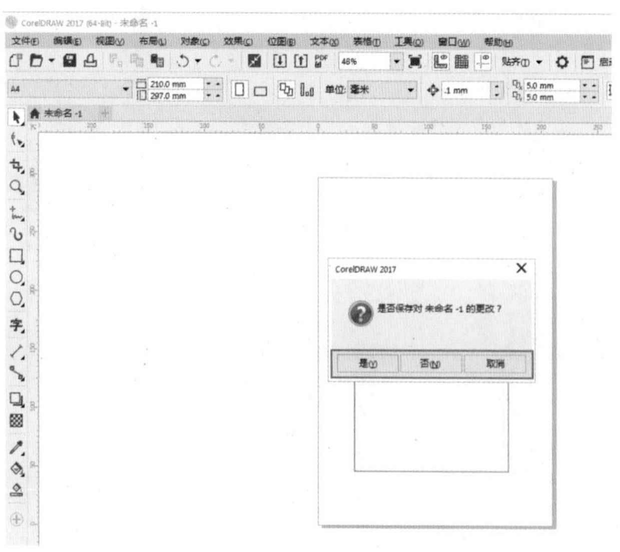

图 1-9　“是否保存文件”提示框

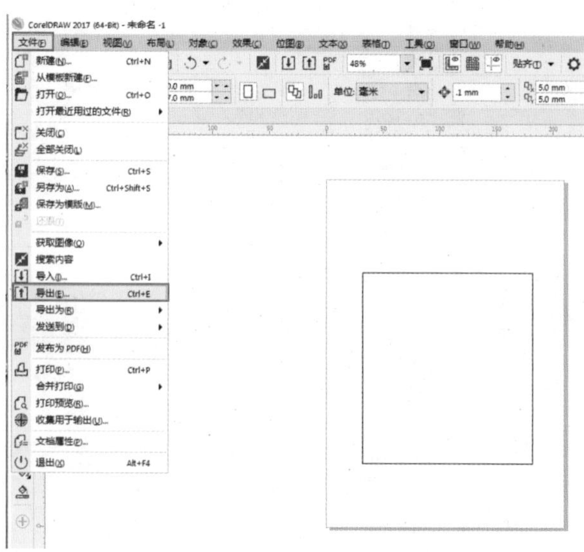

图 1-10　【文件】→【导出】

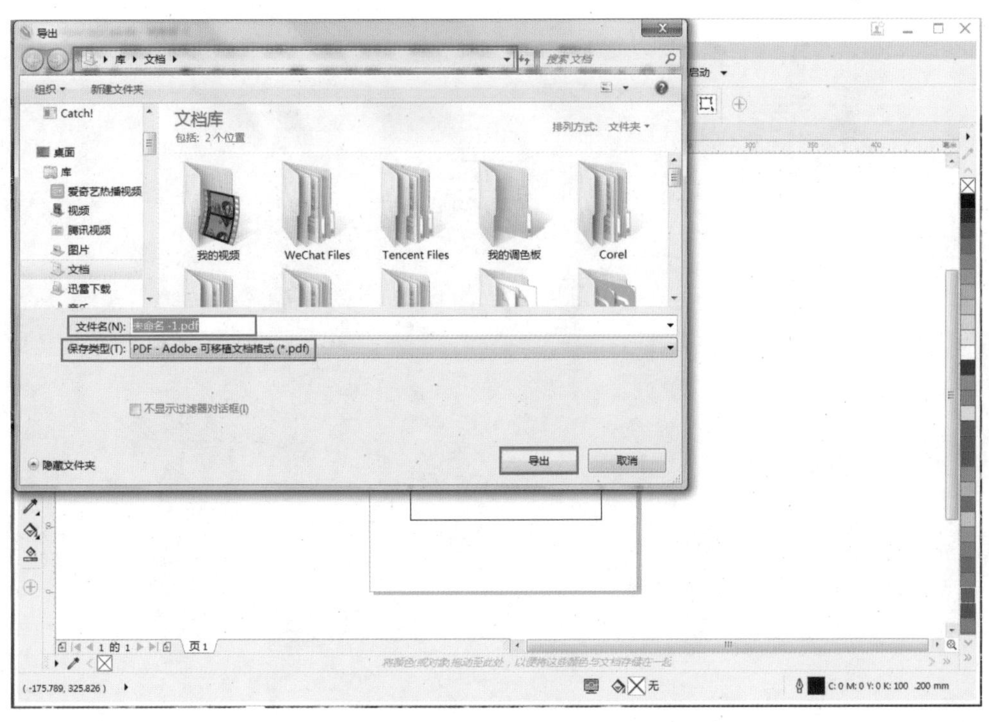

图 1-11 “导出”对话框

三、学习任务小结

通过本次课的学习，同学们已经初步了解了 CorelDRAW 2017 软件的基本信息和基本操作方法，熟悉了 CorelDRAW 2017 软件的工作界面以及用途。课后，同学们要对本次课所学知识点进行实操练习，提高软件的实操技能。

四、课后作业

每位同学在自己电脑上完成 CorelDRAW 2017 软件的安装。

图像的基础知识

教学目标

（1）专业能力：了解矢量图与位图的基本区别，以及色彩主要模式和图像主要格式等基础知识。

（2）社会能力：具备自我学习能力和软件实操能力，培养精益求精的学习态度。

（3）方法能力：具有资料收集能力、软件操作能力。

学习目标

（1）知识目标：了解图形图像处理的基础知识。

（2）技能目标：能区别矢量图与位图，掌握色彩主要模式和图像主要格式的表现形式。

（3）素质目标：培养学生善于记录、总结及自主学习的习惯，以及严谨、细致的学习态度。

教学建议

1. 教师活动

（1）备自己：爱岗敬业、关注学生、掌握教材、技能过硬、升华教学，提高艺术性。

（2）备学生：准备课件、准备教具、了解学生、以人为本、因材施教，针对性教学。

（3）备课堂：仪表庄重、讲授清晰、示范准确、教法得当、重点突出，吸引学生。

2. 学生活动

（1）课前活动：预习课本知识、准备好学习工具。

（2）课堂活动：认真听讲并做好笔记、完成课堂练习。

（3）课后活动：完成课后作业，学会举一反三，总结学习心得。

（4）专业活动：了解图形图像的基础知识并完成指定的学习任务。

一、学习问题导入

各位同学，大家好！同学们知道矢量图像与位图图像的概念以及它们各自的特点吗？我们在针对不同任务需求时该如何选择色彩模式和储存格式吗？今天我们就一起来学习图像的基础知识。

二、学习任务讲解

1. 矢量图和位图的区别

在数字艺术设计中，所有的对象都是以数字方式保存的。因此，首先要了解有关数字、图像的基本概念。数字图像就是以数字的方式进行处理的图像。依照图像元素的构成方式可以分为矢量图和位图两种方式。

（1）矢量图（Vector）。

矢量图也可以叫作向量图，是用数字方式由 PostScript 代码定义的直线和曲线组成的图。在屏幕上描述的矢量图具有一定的属性，如形状、颜色、大小、轮廓等，也可以对这些属性进行编辑。矢量图常用于标志设计、图案设计、文字设计、版式设计等视觉传达设计领域。

矢量图保存的是线条和图块的信息，因此，矢量图文件与分辨率和图像大小无关，只与图像的复杂程度有关，图像文件所占的存储空间较小。矢量图可以自由无限制重新组合。对矢量图进行缩放、旋转或变形操作时，不会影响其清晰度，图形不会产生锯齿模糊效果，边缘轮廓清晰。矢量图文件可以在输出设备上以高分辨率进行输出。

矢量图的不足之处是色调不太丰富。矢量图以线条和色块为主，因此不易制作色调丰富或色彩变化太多的图像，绘制出来的图形不够逼真。

（2）位图（Bitmap）。

位图也称像素图或栅格图像，是由栅格组成的。每一个栅格代表一个像素点，每一个像素点只能显示一种颜色，形状为方形。位图图像是利用排列在网格内的颜色点来描述图像的，这些颜色点阵称为像素，每一个像素的不同色彩组合便产生了图像。位图质量与分辨率有关，因此，如果在屏幕上对它们进行缩放或以低于创建时的分辨率来打印，将会丢失其中的细节，并会呈现锯齿状。

位图的特点是色彩和色调变化丰富。单位面积内位图像素点数目越多，图像越清晰，反之则越模糊。另外，位图可以自由地在各软件之间进行转换，通用性比较强。高分辨率的位图文件占用的存储空间比矢量图大。位图放大到一定的倍数后，会观察到一个个方形色块，整体图像便会变得模糊，边缘出现锯齿，会产生失真现象。

2. 色彩模式

色彩模式是指计算机以及输入、输出设备用来定义颜色的方式。数字图形图像设计软件采用 Grayscale（灰度图）、RGB（光色）、CMYK（印刷色）、HSB（色彩）等模式。计算机显示的色彩形式多样，其通过系统本身的调色板和色彩管理软件进行编辑，可以实现 RGB 模式与 CMYK 模式的任意调配和转换，并可以直接观察到变化效果。

（1）Grayscale 模式。

Grayscale 模式即灰度模式，是指黑色和白色之间的灰度范围。每一个像素可由 2^8 位数字来记录，软件可将纯黑至纯白间分成 256 种明暗灰度，可以模拟黑白照片的效果。在平面设计软件中，256 种黑白色调足以将黑白图像表现得细致、准确。

（2）RGB 模式。

RGB(红色、绿色、蓝色)又称三原色，其色彩的产生来自光线，故将100%的红色光、绿色光、蓝色光合成会产生白色，所以RGB色彩模式称“加色混合”。例如显示器、彩色扫描仪、电视机屏幕可产生RGB的光线来合成各种颜色。RGB模式如图1-12所示。

（3）CMYK 模式。

CMYK模式是针对印刷而设计的一种模式，又称印刷色。CMYK代表四色打印中的颜色，即青色、品红、黄色、黑色。由于色彩的产生来自光线作用下的颜料，前三种颜料色相加是黑色。当颜料减少时才开始出现色彩，直到全部除去后才出现白色，故称为“减色混合”。等量的CMY颜料混合后并不能产生完美的黑色，因此在印刷时必须加一个黑色K，成为CMYK模式。四色印刷就是用上述原理制成胶板或胶片来完成的。CMYK模式如图1-13所示。

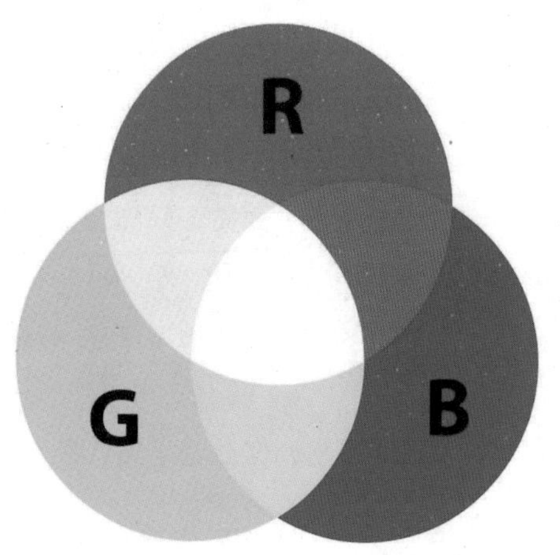

图1-12　RGB模式

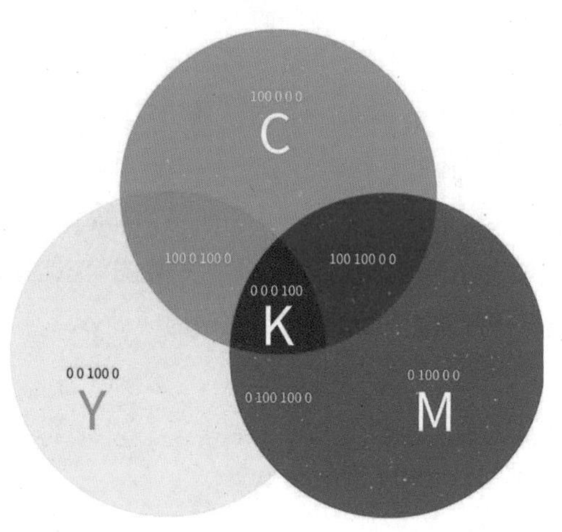

图1-13　CMYK模式

（4）HSB 模式。

HSB模式是用三个参数来确定颜色的色彩模式。HSB模式主要是将颜色划分为360种色调排列在颜色轮上，360种色调中的每一种都可在饱和度和亮度方面进行调整。“H”为色相设置，即色相；“S”为纯度设置，即饱和度；“B”为亮度设置，即亮度。HSB模式如图1-14所示。色相（hue)在0°～360°的标准色环上，以角度值标识，比如红色是0°、橙色是30°等。饱和度(saturation)是指颜色的强度或纯度。饱和度表示色相中彩色成分所占的比例，用从0(灰色)～100%(完全饱和)的百分比来度量。在色立面上饱和度是从左向右逐渐增加的，左边线为0，右边线为100%。亮度（brightness)是指颜色的明暗程度，通常用0(黑)～100%(白)的百分比来度量。在色立面中亮度从上至下逐渐递减，上边线为100%，下边线为0。

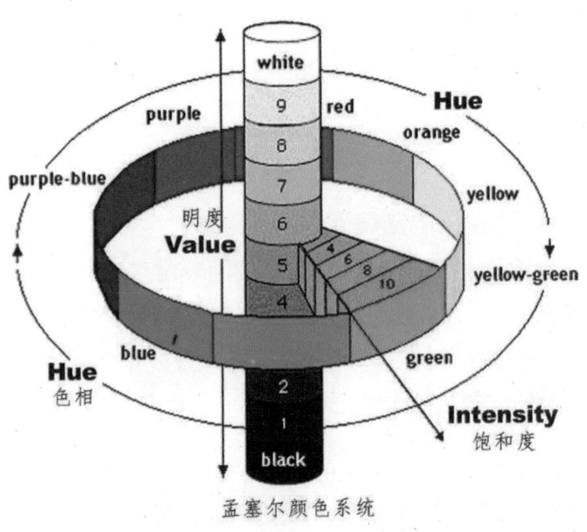

图 1–14　HSB 模式

3. 图像格式

图像格式是指计算机表示、存储图像信息的格式。常用的图像格式有十多种，同一幅图像可以不同的格式来存储，不同的格式之间所包含的图像信息并不完全相同，文件大小也有很大的差别。用户在使用时可以根据自己的需要选用适当的格式。CorelDRAW 2017 支持许多文件格式，下面是常见的几种。

（1）CDR 格式。

CDR 格式是绘图软件 CorelDRAW 的专用图形文件格式。CorelDRAW 是矢量图绘制软件，因此 CDR 可以记录文件的属性、位置和分页等。但它在兼容度上比较差，CDR 格式文件在 CorelDRAW 应用程序中均能够使用，而其他图像编辑软件则打不开此类文件。

（2）PSD 格式。

PSD 格式是 Adobe 公司的图像处理软件 Photoshop 的专用格式，其中包含各种图层、通道、遮罩等设计，再次打开时可以延续上一次的编辑加工过程。Photoshop 支持的所有图像格式中，PSD 格式存取速度快，功能强大。

（3）BMP 格式。

BMP 是英文 Bitmap(位图) 的缩写，它是一种标准图像格式，能够被多种应用程序支持。Microsoft 的 BMP 格式是专门为“画笔”和“画图”程序建立的。这种格式支持 1 ~ 24 位颜色深度，使用的颜色模式可为 RGB 颜色、Indexed 颜色等，且与设备无关。因为这种格式包含图像信息较多，几乎不进行压缩，所以导致占用磁盘空间过大。目前 BMP 格式在单机上较流行，在制作网页时很少使用这种格式的图像。

（4）GIF 格式。

GIF 格式被广泛用于通信领域和 HTML 网页文档中，其特点是压缩比高，容量较小，不能够存储静止图像，支持 2D 动画。这种格式只支持 8 位图像文件，当以该格式保存文件时，系统会自动将文件转换成索引颜色模式。

（5）JPEG 格式。

JPEG 格式是一种带压缩的文件格式，在压缩时存在一定程度的失真，因此在制作印刷品的时候最好不要用这种格式。JPEG 格式支持 RGB、CMYK 和灰度模式，不支持 Alpha 通道。它主要用于图像预览和制作 HTML 网页。

（6）TIFF 格式。

TIFF 格式是 Aldus 公司专门为苹果电脑设计的一种图像文件格式，可以跨平台操作。TIFF 格式便于不同应用软件之间进行图像数据的交换。TIFF 文件格式的应用非常广泛，可以在许多图像软件之间转换。TIFF 格式支持 RGB 颜色、CMYK 颜色、Lab 颜色、Indexed 颜色的色彩模式，并且在 RGB、CMYK 和灰度三种色彩模式中还支持使用 Alpha 通道。TIFF 格式独立于操作系统和文件，它对 PC 机和 Mac 机一视同仁，大多数扫描仪都能输出 TIFF 格式的图像文件。

（7）PNG 格式。

PNG 格式是一种新兴的网络图像格式。它结合了 JPEG 和 GIF 的优点，采用无损压缩，但是不支持动画效果。Macromedia 公司的 Fireworks 软件的默认文件格式就是 PNG。

三、学习任务小结

通过本次课的学习，同学们已经初步掌握图像的相关基础知识以及矢量图像与位图图像的概念和特点，同时，了解了针对不同任务需求在新建文档或存储时进行相应的颜色模式、储存格式等设置的实施操作方法。课后，大家要对本次课的知识点进行回顾和总结，并通过实践操作提高认知。

四、课后作业

每位同学学习操作 CorelDRAW 2017 软件，练习用 3 种格式保存文件。

项目二

CorelDRAW 2017 快速入门

学习任务一　基本图形的绘制
学习任务二　线条的绘制和编辑
学习任务三　对象的操作与管理
学习任务四　轮廓线编辑与色彩填充
学习任务五　文本的处理
学习任务六　交互式工具的使用
学习任务七　位图的编辑处理

基本图形的绘制

教学目标

（1）专业能力：了解不同图形的选择与控制工具的使用方法；掌握正方形、矩形、椭圆形、正圆形、多边形、星形、螺纹等多种规则形状的绘制方法。

（2）社会能力：具备自我学习能力和语言表达能力。

（3）方法能力：能多看课件、多看视频。能认真倾听多做笔记；能多问多思勤动手；课堂上小组活动主动承担，相互帮助；课后在专业技能上主动多实践。

学习目标

（1）知识目标：掌握矩形、椭圆形、多边形、星形、螺纹等命令的调用方式、绘制方法和绘制技巧。

（2）技能目标：能进行矩形、椭圆形、多边形、星形、螺纹等命令的技能实训。

（3）素质目标：培养一丝不苟、细致观察、自主学习、举一反三的学习习惯。

教学建议

1. 教师活动

（1）备自己：要热爱学生、知识丰富、技能精湛、难易适当，加强实用性。

（2）备学生：做教案课件、图形成果、分解步骤、实例示范，加强针对性。

（3）备课堂：要讲解清晰、重点突出、难点突破、因材施教，加强层次性。

（4）备专业：掌握软件使用或版式设计专业的要求，教授知识与传授技能为专业服务。

2. 学生活动

（1）课前活动：看书、看课件、看视频、记录问题，重视预习。

（2）课堂活动：听讲、看课件、看视频、解决问题，反复实践。

（3）课后活动：总结、做笔记、写步骤、举一反三、螺旋上升。

（4）专业活动：加强软件的功能的学习与版式设计在室内设计专业中的技能实训。

一、学习问题导入

CorelDRAW 软件是一款矢量图绘制软件，具备制作简报、彩页、手册、产品包装、标识、网页等产品的功能。本次课我们将详细地对 CorelDRAW 2017 软件的工具和指令逐一进行讲解，并按具体操作功能划分 7 个学习任务。本次课的学习任务是基础图形的绘制，主要使用矩形工具、椭圆工具、图纸工具绘制图形，通过选择工具选取及调整图形，并学会选择工具，掌握图形工具的使用方法。

二、学习任务讲解

（一）图形的选择与控制

1. 选择工具

选择工具用于选择、定位与变换对象。

快捷键为【空格键】。

（1）基本操作。

单击工具箱中的【选择工具】按钮，用鼠标单击要选择的对象，该对象周围会显示 8 个黑色的方框控制点，表示对象已被选中。如图 2-1 所示。

也可以在选择对象的左上角，按住鼠标左键向右下角拖动，拉出一个虚线框框选选择对象，松开鼠标，该对象即被选中。如图 2-2 所示。

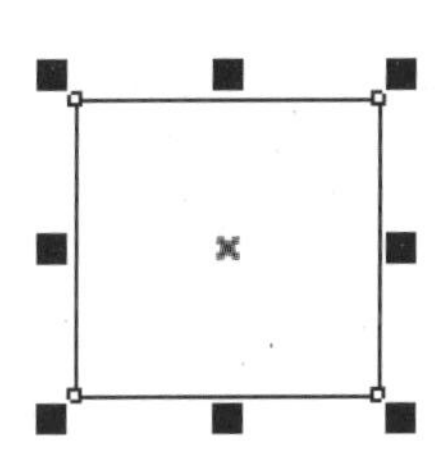

图 2-1　点选对象

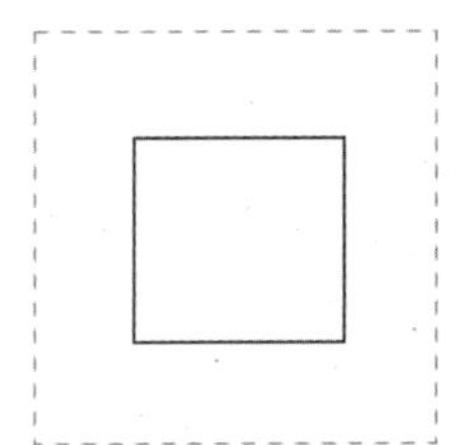

图 2-2　框选对象

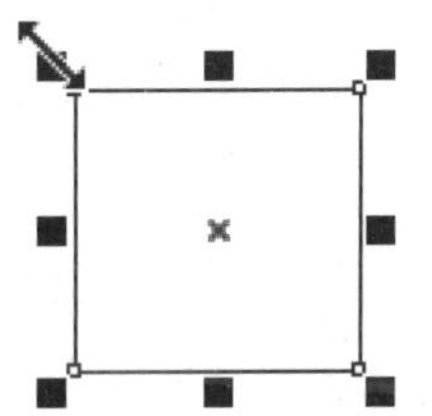

图 2-3　调整图形的形状

（2）使用方法。

选中对象时，图形对象四周会出现 8 个控制点。鼠标放在任意一个点上，其光标会变成双向箭头，这表示可以拖动各个控制点，来调整图形的形状。如图 2-3 所示。

再次点击对象时 8 个控制点变成了 8 个方向箭头，其中 4 个角上的箭头是有弧度的。拖动四周转角箭头，可以旋转图形。如图 2-4 所示。拖动中间 4 个直角箭头，可倾斜图形。如图 2-5 所示。

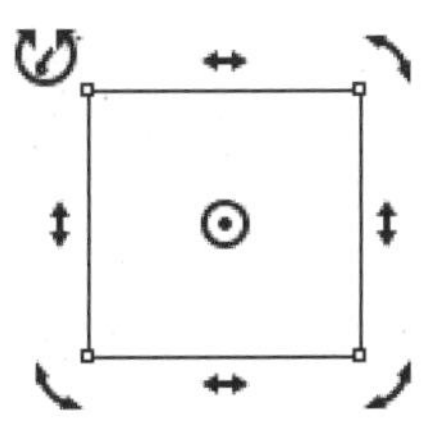

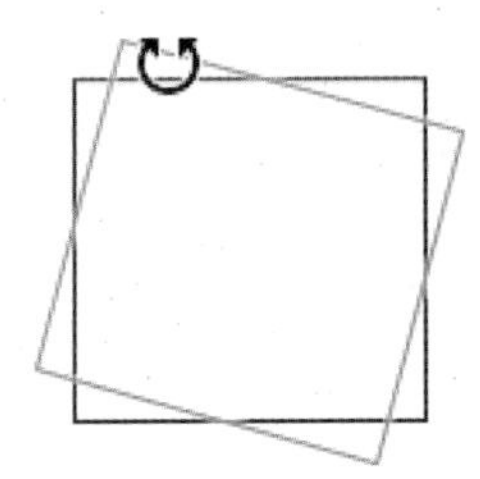

图 2-4　旋转图形

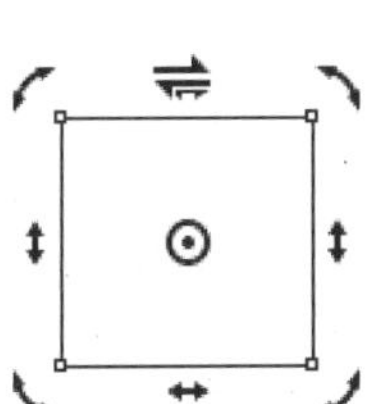

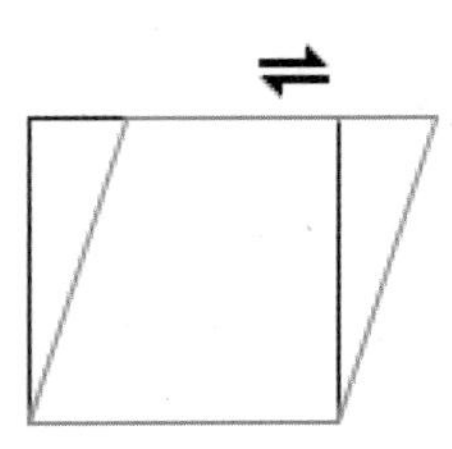

图 2-5　倾斜图形

选择多个对象时，可按住鼠标左键来框选对象；或按住【Shift】键，同时使用选择工具，依次单击所选对象。

2. 手绘选择工具

长按【选择工具】按钮弹出下拉菜单，点击菜单中【手绘选择工具】按钮，则可使用鼠标划选任意区域。区域中包含的所有对象会被选中。如图 2-6 所示。这种选择方式可以有效地选择自己想要的区域的对象，避开某些遮挡的图形对象。

（二）图形的绘制

1. 矩形工具

矩形工具可以用于绘制任意比例的矩形，还可以绘制矩形的圆角、扇形角和倒棱角。快捷键是【F6】。

（1）基本操作。

单击工具箱中的【矩形工具】按钮，在页面中选择合适位置按住鼠标左键作为起点，拖动后，释放鼠标左键即可以起点和终点为对角角点绘制出矩形。如图 2-7 所示。

绘制矩形时，按住【Ctrl】键，同时拖动鼠标，可绘制出正方形。如图 2-8 所示。

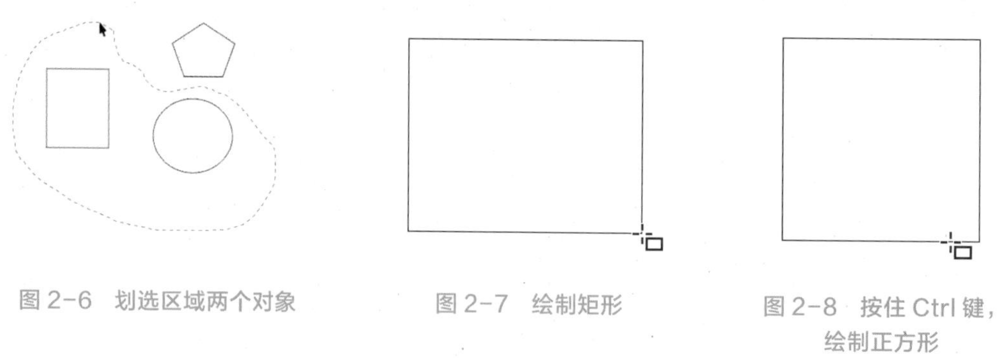

图 2-6　划选区域两个对象　　图 2-7　绘制矩形　　图 2-8　按住 Ctrl 键，绘制正方形

（2）使用方法。

要绘制矩形的圆角、扇形角和倒棱角，可选中绘制的矩形，在属性栏中单击相应的倒角按钮，然后在圆角半径编辑框中设置数值，按回车键，即可得到相应倒角。如图 2-9 所示。

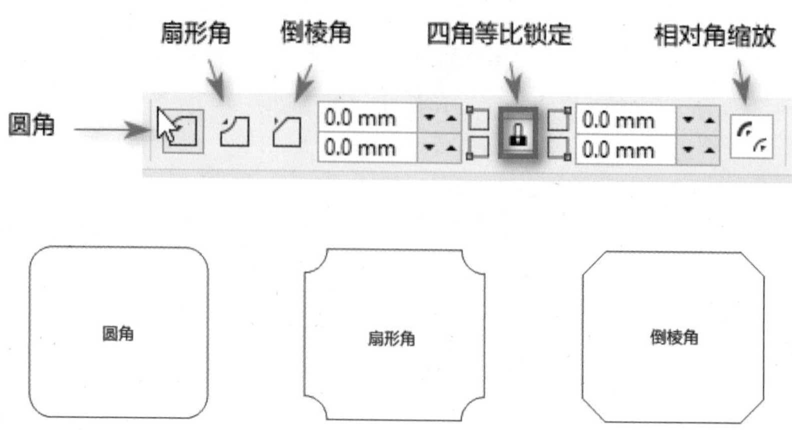

图 2-9　绘制不同倒角的矩形

在矩形工具属性栏中可填写数字设置倒角大小。属性栏中间的【锁头】符号表示四角等比锁定。锁定时，只需要设置其中一边的倒角大小，四边倒角将等比缩放。解锁时只单独设置某边倒角大小，可绘制出矩形的特殊倒角。如图 2-10 所示。

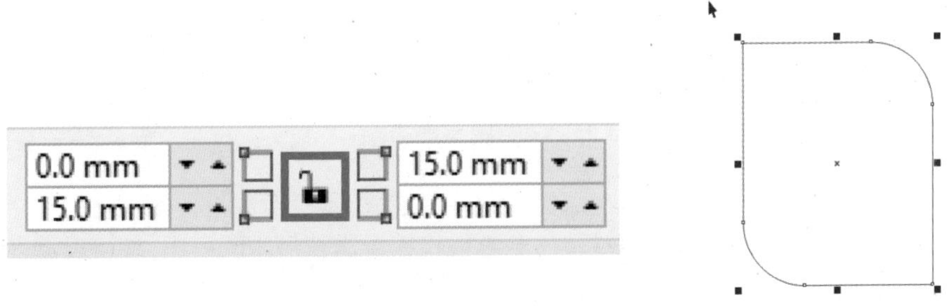

图 2-10　绘制矩形的特殊倒角

2. 椭圆工具

椭圆工具用于绘制椭圆、正圆、圆弧与饼形等图形。快捷键为【F7】。

（1）基本操作。

单击工具箱中的【椭圆工具】按钮，在页面中直接拖动鼠标，即可绘制出椭圆形。如图 2-11 所示。

在绘制椭圆时，按住【Ctrl】键，同时拖动鼠标，可绘制出正圆形。按住【Shift】键，可以从中心向外绘制椭圆。按住【Ctrl+Shift】键，可从中心向外绘制出正圆形。如图 2-12 所示。

（2）使用方法。

选择椭圆形工具，在属性栏中单击椭圆形、饼形或弧形按钮，可在页面中绘制出相应图形。如图 2-13 所示。属性栏中可输入数值，调整起始与结束角度，可绘制出独特的饼状图与弧形线。如图 2-14 所示。

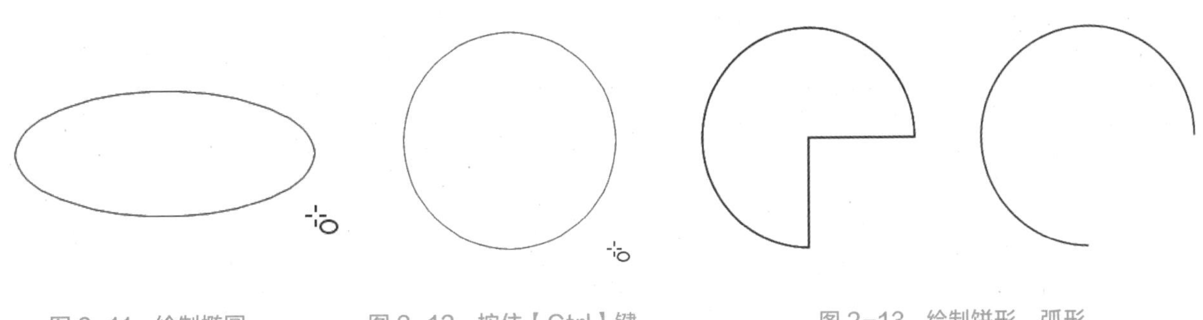

图 2-11　绘制椭圆

图 2-12　按住【Ctrl】键，绘制正圆

图 2-13　绘制饼形、弧形

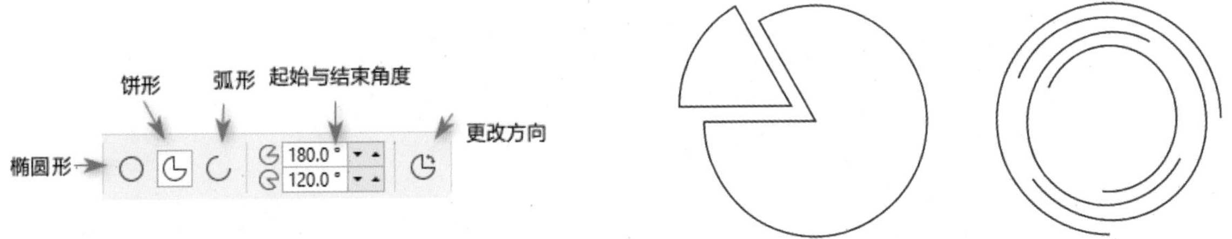

图 2-14　绘制特定角度饼形图与弧形线

3. 多边形工具

多边形工具用于绘制任意多边形。快捷键为【Y】。

（1）基本操作。

单击工具箱中【多边形工具】按钮，在页面中拖动鼠标，即可绘制多边形。如图 2-15 所示。

按住【Ctrl】键，同时拖动鼠标，可绘制出正多边形。按住【Shift】键，可以从中心向外绘制多边形。按住【Ctrl+Shift】键，可从中心向外绘制出正多边形。如图 2-16 所示。

（2）使用方法。

多边形工具属性栏如图 2-17 所示，在边数框中输入数字或直接单击右侧微调按钮，均可设置多边形的边数。多边形的边数最少可以设置为三边，即三角形。设置的边数越大，绘制的多边形越接近圆形。如图 2-18 所示。

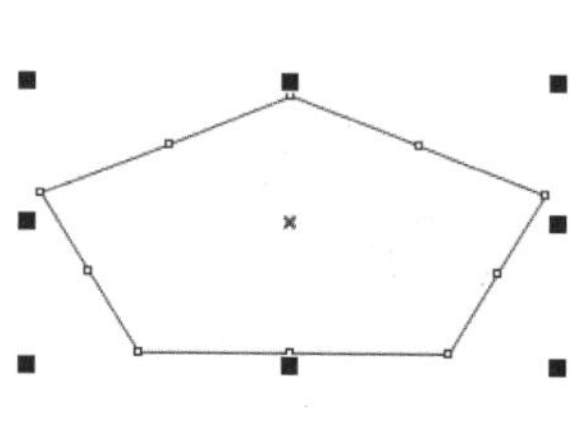

图 2-15　绘制多边形

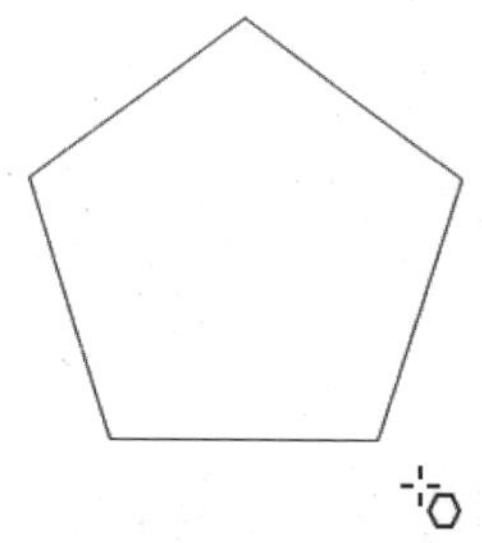

图 2-16　绘制正多边形

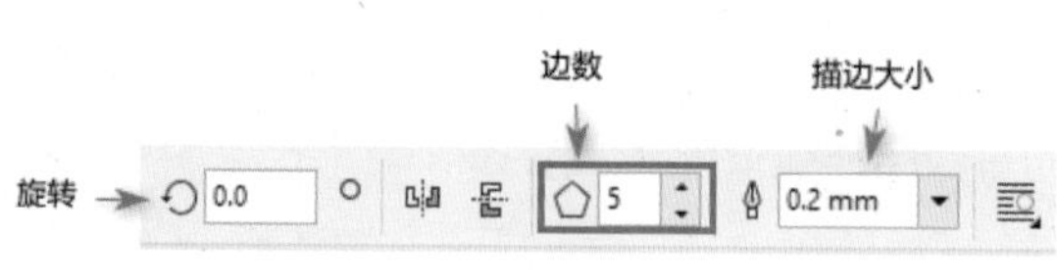

图 2-17　多边形工具属性栏

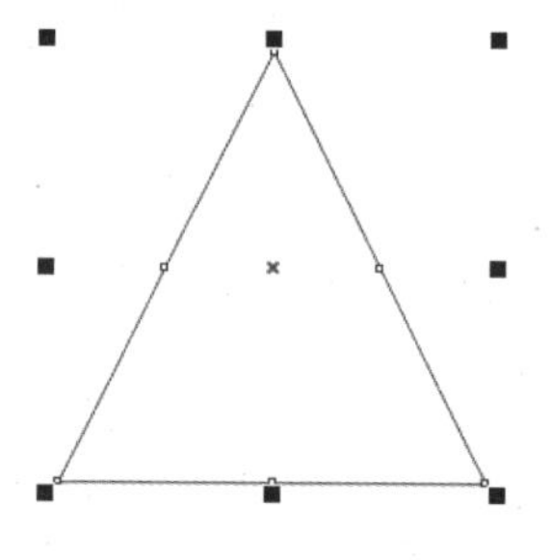

图 2-18　通过调整边数，绘制三角形与多边形

4. 星形工具

星形工具用于绘制星形。无默认快捷键。

（1）基本操作。

长按【多边形工具】按钮弹出下拉菜单，点击菜单中【星形工具】按钮，在页面中拖动鼠标，即可绘制出星形。按住【Ctrl】键，同时拖动鼠标，可绘制出正星形。按住【Shift】键，可以从中心向外绘制星形，按住【Ctrl+Shift】键，可从中心向外绘制出正星形。如图 2-19 所示。

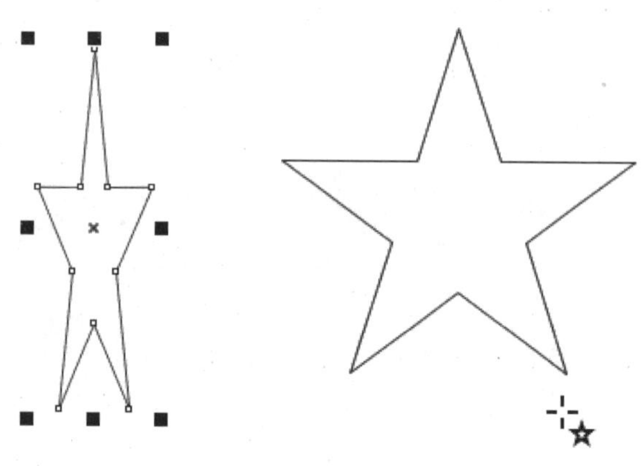

图 2-19　绘制星形与正星形

（2）使用方法。

星形工具星形栏中的边数选项用来修改星形边数，锐度选项用来修改星形的尖锐程度。在属性栏中将以上绘制的正星形的锐度修改为 25，如图 2-20 所示。再绘制一个六角星形，锐度修改为 33。如图 2-21 所示。

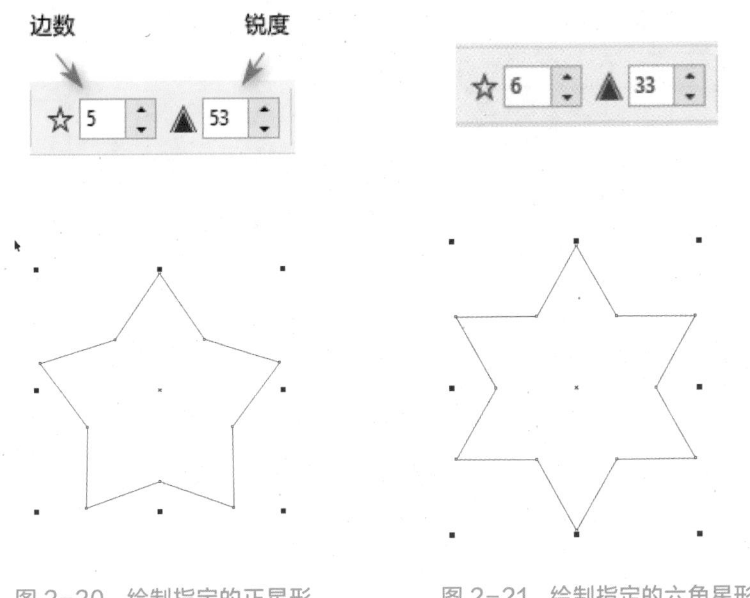

图 2-20　绘制指定的正星形　　图 2-21　绘制指定的六角星形

5. 图纸工具

图纸工具用于绘制网格。快捷键为【D】。

（1）基本操作。

长按【多边形工具】按钮弹出下拉菜单，点击菜单中【图纸工具】按钮，在页面中拖动鼠标，可绘制出任意行数和列数的网格。如图 2-22 所示。

图纸工具的属性栏如图 2-23 所示。列数和行数选项用来设置网格的行数和列数。

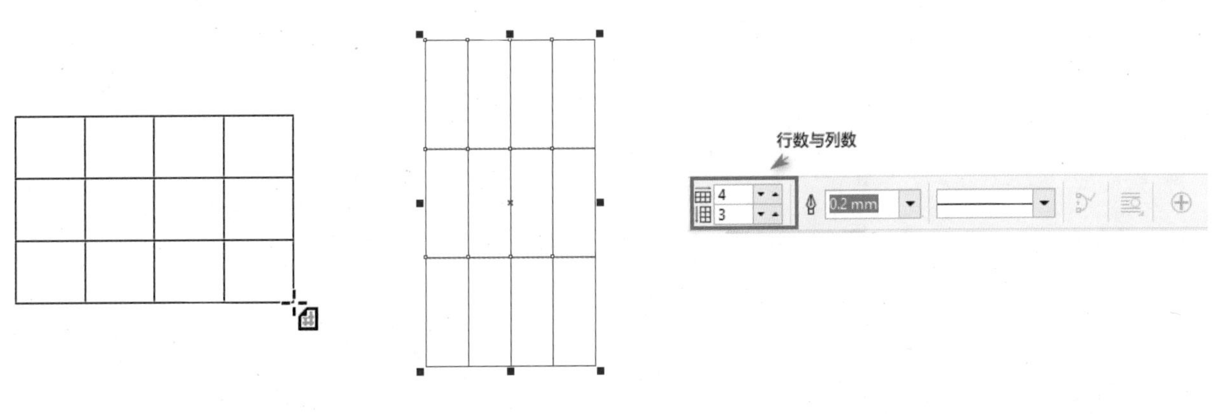

图 2-22　绘制网格　　图 2-23　图纸工具的属性栏

（2）使用方法。

选择绘制的网格，单击属性栏中的【取消群组】按钮，或使用快捷键【Ctrl + U】，网格将变为多个独立矩形。如图 2-24 所示。

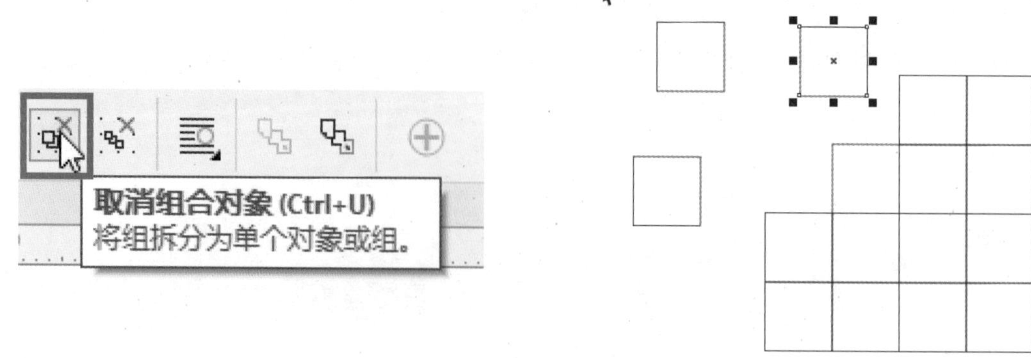

图 2-24　拆分网格为矩形

6. 螺纹工具

螺纹工具用于绘制不同形状的螺纹。快捷键为【A】。

（1）基本操作。

长按【多边形工具】按钮弹出下拉菜单，点击菜单中的【螺纹工具】按钮，在页面中拖动鼠标，即可绘制对称式螺纹或对数螺纹。如图 2-25 所示。

①对称式螺纹：对称式螺纹均匀扩展，每个回圈之间的间距固定不变。

②对数螺纹：对数螺纹扩展时，每个内圈之间的间距随着螺纹由内向外的渐进式增加。

（2）使用方法。

通过螺纹工具属性栏可设置螺纹的类型和螺纹圈数。如图 2-26 所示。

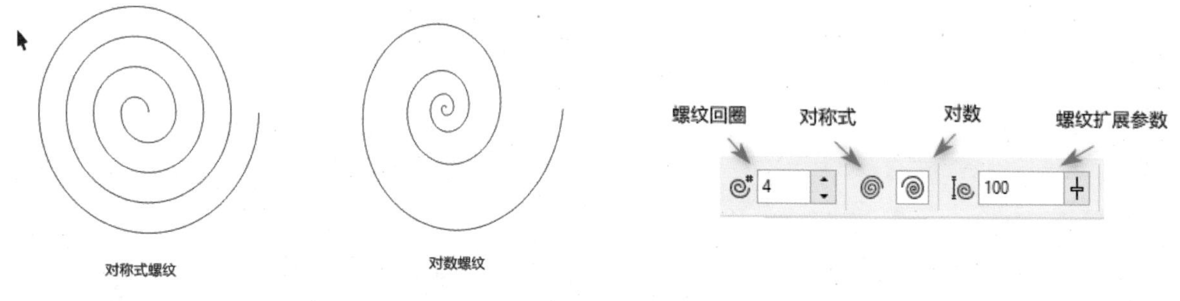

图 2-25　绘制螺纹

图 2-26　螺纹工具的属性栏

7. 形状工具组

形状工具组包括 5 组基本形状。长按工具组中【基础形状工具】按钮，可展开形状工具组。如图 2-27 所示。

在形状工具组中选择相应形状，在绘图区域中拖动鼠标，即可绘制出预设的形状。

（1）基础形状工具 。

基础形状工具可以快速绘制出梯形、圆柱形、心形、水滴形等多种图形。选择基本形状工具，在属性栏中单击【完美形状】按钮，弹出预设的基本形状面板。如图 2-28 所示。从中选取形状，拖动鼠标即可绘制出所选图形。如图 2-29 所示。

图 2-27　形状工具组

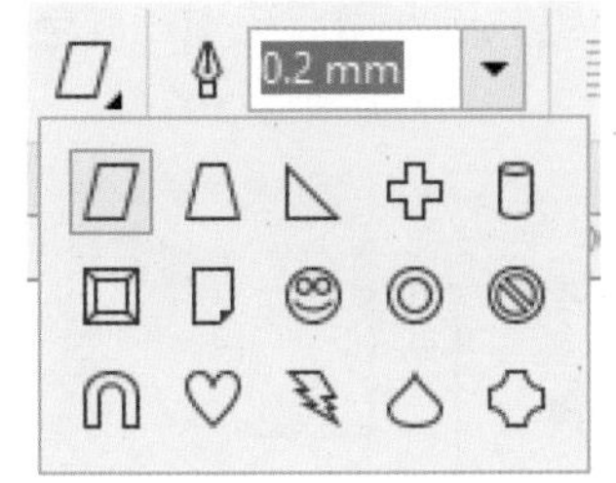

图 2-28　基础形状工具面板

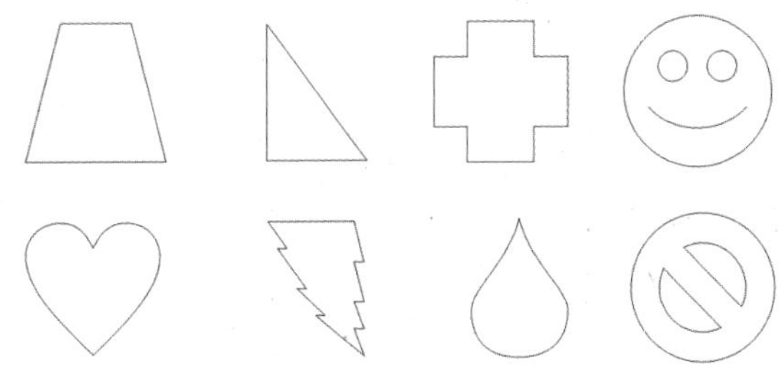

图 2-29　预设的基础形状

（2）箭头形状工具 。

箭头形状工具可快速绘制各种箭头。选择箭头形状工具，在属性栏中单击【完美形状】按钮。弹出预设箭头形状面板如图 2-30 所示。从中选择所需箭头形状，拖动鼠标即可绘制出所选箭头图形。

（3）流程图形状工具 。

流程图形状工具可以快速绘制数据流程图、信息系统和业务流程图等，预设的流程图形状面板如图 2-31 所示。

（4）标题形状工具 。

标题形状工具可以快速绘制标题栏旗帜、标语、爆炸效果等。预设的标题形状面板如图 2-32 所示。

（5）标注形状工具 。

标注形状工具通常用于补充说明对象。预设的标注形状面板如图 2-33 所示。

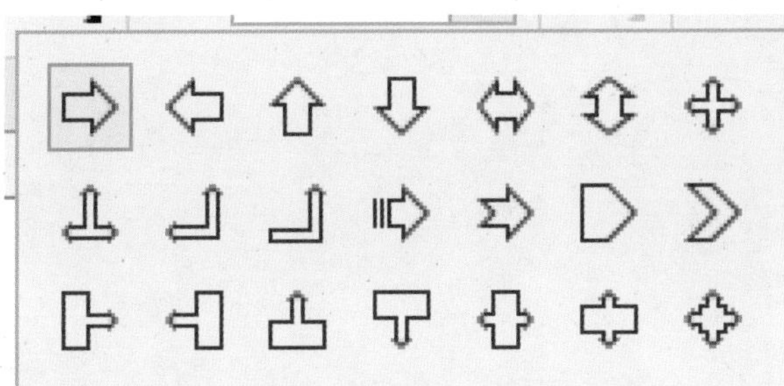

图 2-30　箭头形状工具面板

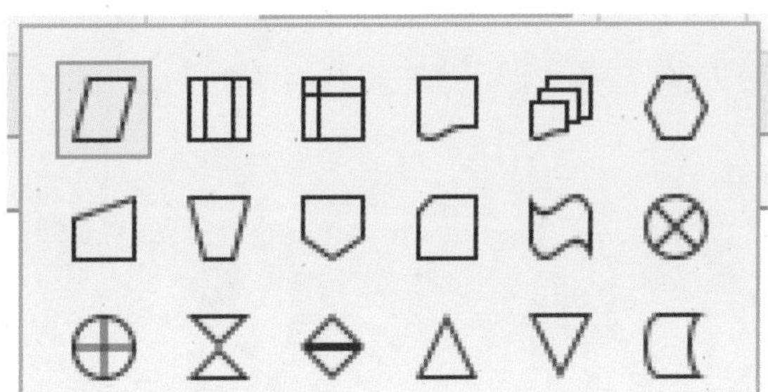

图 2-31　流程图形状工具面板

图 2-32　标题形状工具面板

图 2-33　标注形状工具面板

使用基本形状工具组绘制的图形一般都有一个红色节点，用鼠标拖动红色节点，可以使图形产生更多的变化。如图 2-34 所示。

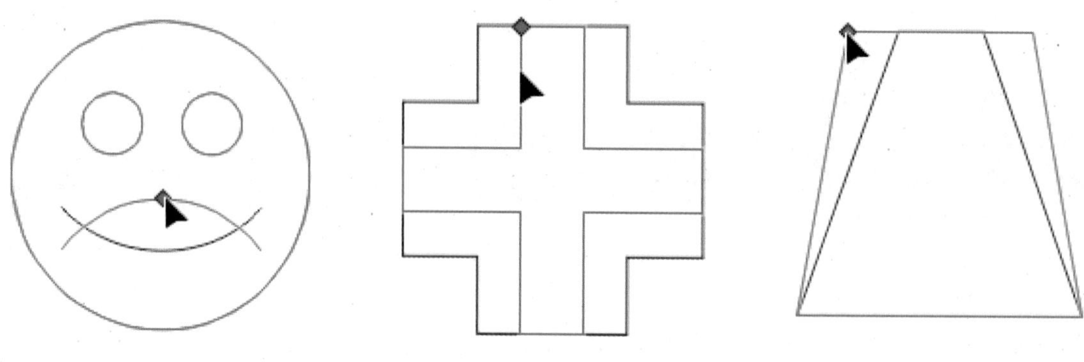

图 2-34 调节红色节点

三、学习任务小结

本次课主要学习了基础图形的绘制方法，以及图形的选择和控制等命令的调用方式。课后，同学们要对这些命令进行反复练习，掌握最便捷的绘制方式，提高绘图的效率。

四、课后作业

（1）独立完成课程中所有工具绘制与选择的示范操作。

（2）应用本课所学工具，完成图 2-35 的插画练习。

图 2-35 课后插画练习

线条的绘制和编辑

教学目标

（1）专业能力：了解绘制直线段与曲线的方法，掌握手绘工具、贝塞尔工具、艺术笔工具、钢笔工具、三点曲线工具、B 样条工具等多种方式绘制与编辑线条。

（2）社会能力：具备自我学习能力和语言表达能力。

（3）方法能力：软件操作能力、资料收集能力。

学习目标

（1）知识目标：掌握手绘工具、贝塞尔工具、艺术笔工具、钢笔工具等命令的调用方式、绘制方法和绘制技巧。

（2）技能目标：能进行手绘工具、贝塞尔工具、艺术笔工具、钢笔工具等命令的技能实训。

（3）素质目标：培养一丝不苟、细致观察、自主学习的能力。

教学建议

1. 教师活动

（1）备自己：要热爱学生、知识丰富、技能精湛、难易适当，加强实用性。

（2）备学生：做教案课件、图形成果、分解步骤、实例示范，加强针对性。

（3）备课堂：要讲解清晰、重点突出、难点突破、因材施教，加强层次性。

（4）备专业：掌握软件使用或版式设计专业的要求，教授知识与传授技能为专业服务。

2. 学生活动

（1）课前活动：看书、看课件、看视频、记录问题，重视预习。

（2）课堂活动：听讲、看课件、看视频、解决问题，反复实践。

（3）课后活动：总结、做笔记、写步骤、举一反三，螺旋上升。

（4）专业活动：加强软件的功能的学习与版式设计在室内设计专业中的技能实训。

一、学习问题导入

在实际的工作任务中，软件自带的基础标准图形已不能满足绘制复杂图形的需要，这时可以通过线条的绘制和编辑来得到复杂的矢量图的。本次课主要讲解线条的绘制和编辑，如利用手绘工具、贝塞尔工具、艺术笔工具、钢笔工具、三点曲线工具、B 样条工具等绘制线条，通过移动、添加、删除、改变节点属性等编辑线条。

二、学习任务讲解

（一）绘制线段与曲线

1. 手绘工具

手绘工具提供了最直接的绘图方法，只要在工作区内拖动鼠标就能自由绘制，即根据鼠标的轨迹勾画路径。也可以配合使用手写板等辅助工具，模仿真实手绘工作流程。

手绘工具的快捷键为【F5】。

（1）绘制直线。

单击工具箱中的【手绘工具】按钮，在页面中单击确定直线的起点，拖动鼠标到适合的位置，再次点击即可绘制直线。如图 2-36 所示。

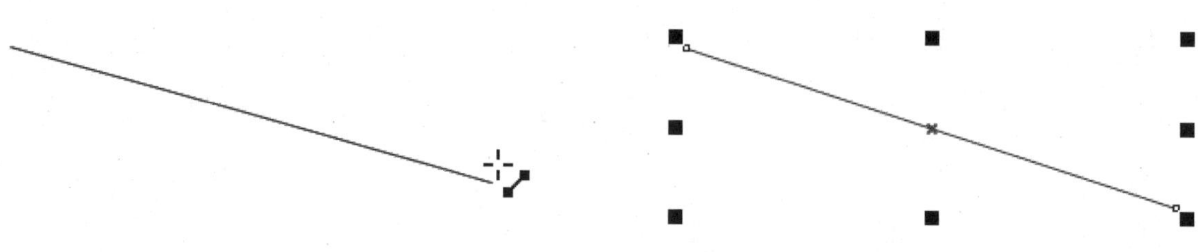

图 2-36　绘制直线

在使用手绘工具绘制直线时，按住【Ctrl】键或【Shift】键不放，可以水平或者垂直绘制直线；也可呈一定角度增量倾斜绘制，（系统默认每 15° 为一级增量）。

（2）绘制折线。

利用手绘工具，在页面中单击鼠标确定起点，然后在每个转折处双击鼠标，然后单击鼠标确定终点，即可绘制出折线。如图 2-37 所示。

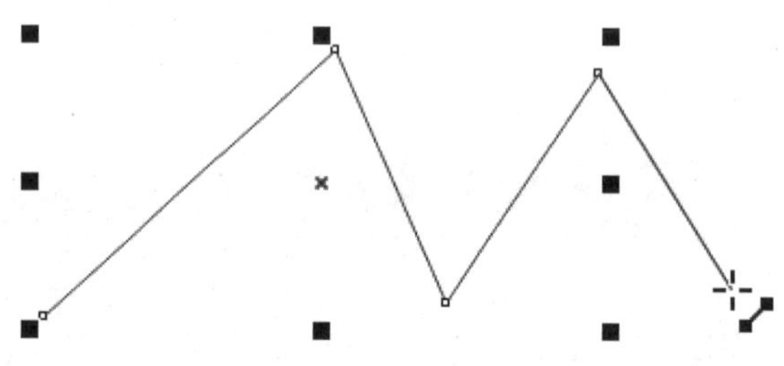

图 2-37　绘制折线

（3）绘制曲线。

单击工具箱中的【手绘工具】按钮，在页面中按住鼠标左键，拖动鼠标勾画曲线路径，即可绘制曲线。如图 2-38 所示。

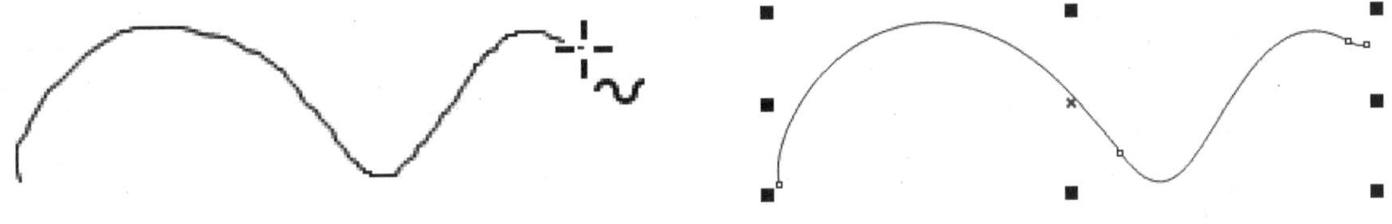

图 2-38　绘制曲线

（4）绘制封闭图形。

手绘工具同样可以绘制闭合路径，在绘制过程中只要起始点与终点重合即可得到闭合路径的图形。如图 2-39 所示。

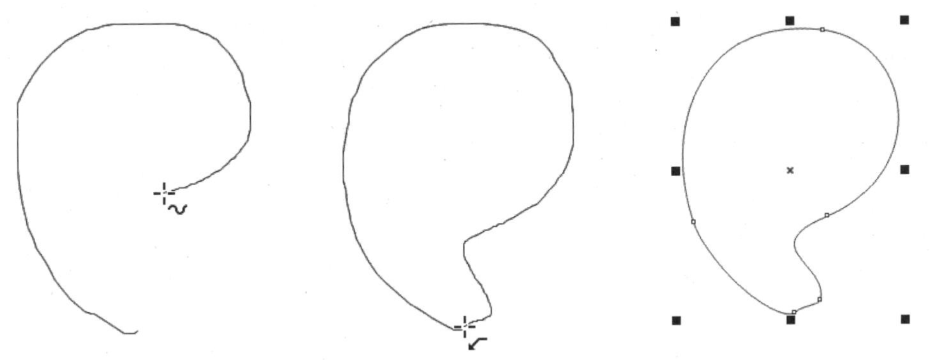

图 2-39　绘制闭合路径

2. 贝塞尔工具

贝塞尔工具是用于绘制平滑、精确的曲线的工具。它按节点依次绘制直线和曲线，通过改变节点的位置和控制手柄的方向来控制曲线的弯曲程度。

（1）绘制直线和折线。

使用贝塞尔工具绘制直线与使用手绘工具相似，单击工具箱中的【贝塞尔工具】按钮，将鼠标移至绘制区域，单击鼠标确定直线的起点，然后拖动鼠标到相应位置后，再单击即可绘制出直线，继续拖动鼠标并单击左键即可绘制出折线。如图 2-40 所示。

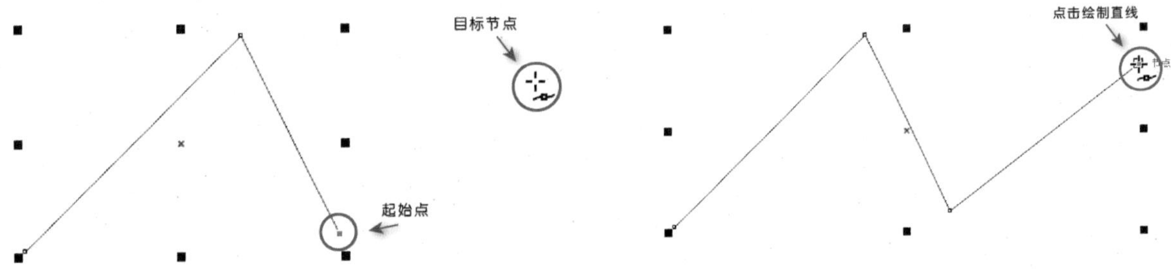

图 2-40　用贝塞尔工具绘制直线和折线

（2）绘制曲线。

单击工具箱中的【贝塞尔工具】按钮，在页面中单击鼠标确定第一个节点，然后移动鼠标到其他节点，点击并拖动鼠标左键，即可绘制出曲线段，继续拖动鼠标并单击，可绘制出不同曲线。如图 2-41 所示。

（3）绘制封闭图形。

只需在绘制结束时单击路径起始点，或者直接单击属性栏中的【闭合曲线】按钮，即可得到闭合路径图形。

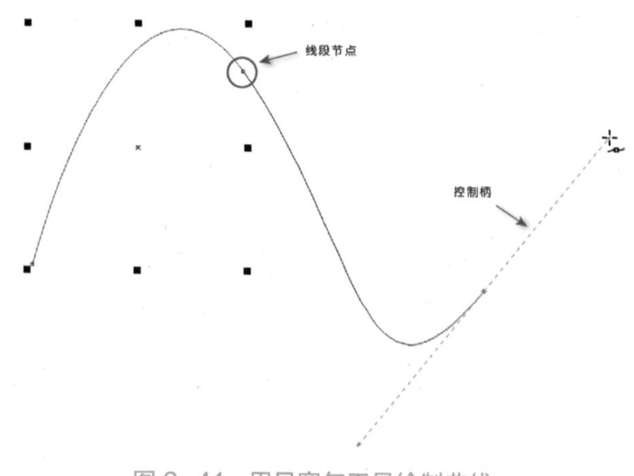

图 2-41　用贝塞尔工具绘制曲线

3. 艺术笔工具

使用艺术笔工具可绘制多种样式的艺术线条，其绘制方法与手绘工具相似，但艺术笔工具绘制的是一条封闭的路径，可对其填充颜色。艺术笔工具属性栏提供了预设笔刷、笔刷、喷涂、书法和压力 5 种笔触工具。通过选择这些工具，并在属性栏中设置相应参数，可以制作出不同风格的笔触效果。

（1）预设笔刷。

预设笔刷是使用预设矢量图绘制曲线，选择艺术笔工具后，在属性栏中默认选择预设按钮，其属性栏如图 2-42 所示。

从预设笔刷列表中选择笔触样式，在页面中按下鼠标并拖动，即可绘制出需要的形状，如图 2-43 所示。

图 2-42　艺术笔预设属性栏

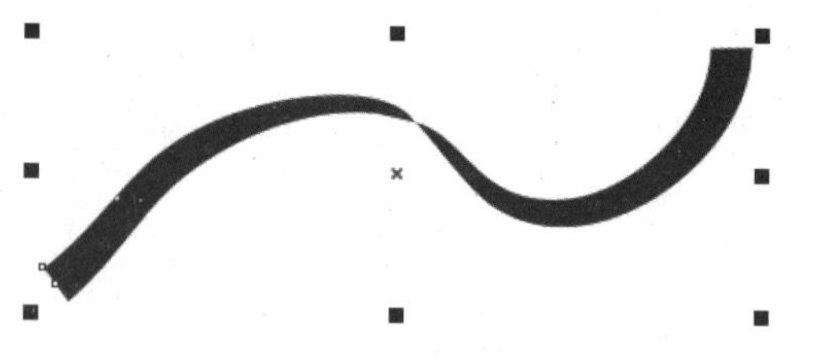

图 2-43　艺术笔预设笔刷

艺术笔工具绘制的曲线是一条封闭式的路径，可以填充任何颜色，也可以调整属性栏中轮廓样式和笔触宽度。

（2）笔刷。

笔刷是绘制与着色笔触相似的曲线。使用时可在属性栏设置笔刷属性，笔刷属性栏如图 2-44 所示。

单击类别下拉列表框，选择需要的【艺术】笔刷类别，单击【笔刷笔触】下拉列表框，从中选择笔触图形，然后在页面中按鼠标左键并拖动，即可绘制出所选笔触图形。如图 2-45 所示。

（3）喷涂。

喷涂是通过喷射预测图像进行绘制的方法。单击艺术笔工具属性栏中的喷涂按钮，艺术笔喷涂属性栏如图 2-46 所示。

图 2-44　艺术笔笔刷属性栏

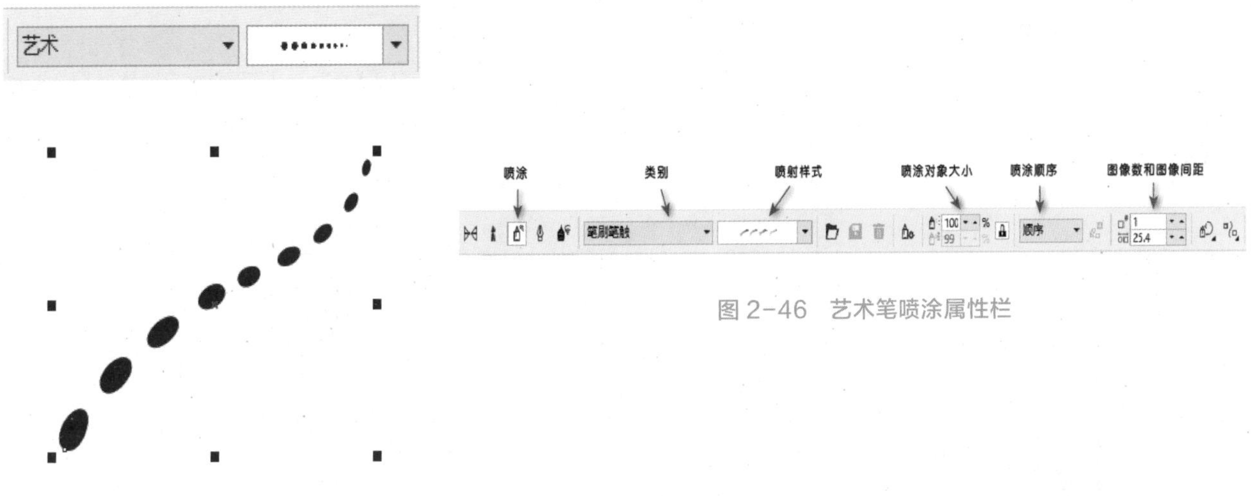

图 2-46　艺术笔喷涂属性栏

图 2-45　艺术笔笔刷效果

单击类别下拉列表框，选择需要的【星形】喷涂类别，单击【喷涂图样】下拉列表框选择相应图样。然后在页面中按鼠标左键并拖动，即可绘制出所选喷涂图样。如图 2-47 所示。

单击【顺序】下拉列表框，可选择喷射对象沿笔触显示的顺序。改变属性栏【每个色块中的图像数与图像间距】的参数，可对所绘制喷射图形进行疏密程度的调整。如图 2-48 所示。

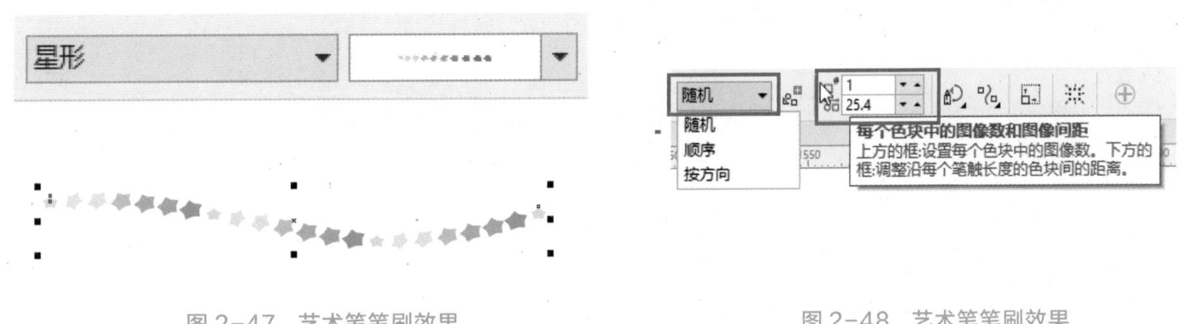

图 2-47　艺术笔笔刷效果

图 2-48　艺术笔笔刷效果

单击属性栏中的【旋转】按钮 ，打开如图 2-49 所示的【旋转】面板，在面板中设置相关参数即可旋转对象。

单击属性栏中【偏移】按钮 ，打开如图 2-50 所示的【偏移】面板，在面板中设置相关参数即可偏移对象。

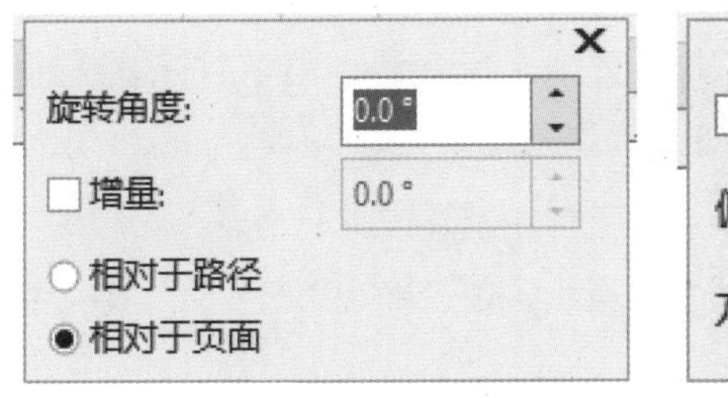

图 2-49　【旋转】面板

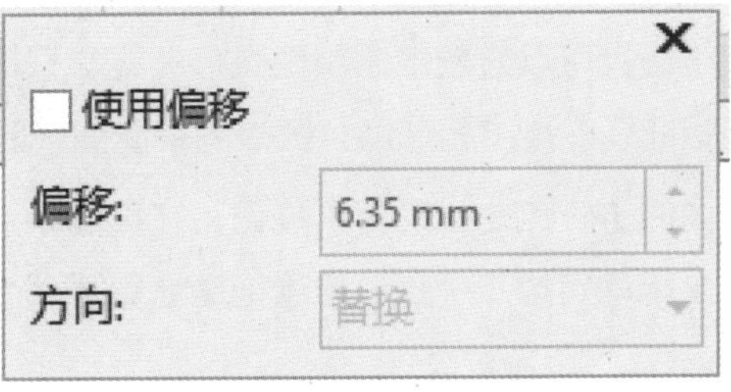

图 2-50　【偏移】面板

（4）书法 。

用户可在书法属性栏中设置笔触宽度与书法角度。单击艺术笔工具属性栏中的【书法】按钮，在页面中按下鼠标并拖动，即可绘制出书法图形。如图 2-51 所示。在属性栏【书法角度】输入框中输入数值可设置所绘制图形笔触的倾斜角度。如图 2-52 所示。

（5）表达式 。

表达式可以模拟使用压感笔画的绘制效果。单击艺术笔工具属性栏中的【表达式】按钮，在属性栏中设置相应参数，在页面中按下鼠标并拖动即可绘制出压力笔触图形。搭配【数位压感笔】可以模拟真实软笔的压力笔触粗细。如图 2-53 所示。

图 2-52　设置圆形笔触倾斜角度

图 2-51　艺术笔书法效果

图 2-53　艺术笔表达式效果

4. 钢笔工具

钢笔工具绘制图形的方法与贝塞尔工具相似，也是通过节点的控制来绘制不同图形。其差别在于在绘制过程中用户可以用钢笔工具提前预览下一个描点状态，也可以在绘制的路径上任意添加或删除描点，这样大大提高了绘制图形的便利性与准确性。

（1）绘制直线。

单击工具箱中的【钢笔工具】按钮，将鼠标移至页面中，单击鼠标左键建立直线的起点，然后拖动鼠标到想要的位置后双击完成绘制。

（2）绘制曲线。

单击工具箱中的【钢笔工具】按钮，将鼠标移至页面中，单击鼠标左键确定起点，移动鼠标到适合位置单击左键并拖动控制柄绘制曲线，下一个描点继续如此。直至首尾描点重合形成闭合路径或双击结束绘制。

5. 点曲线工具

使用三点曲线工具可以方便地绘制出弧形曲线。只需要先确定两个点，再通过拖动鼠标调节第三个点的位置和方向，来确定曲线的高度和深度，在绘制平滑曲线时尤为方便。

单击工具箱中的【三点曲线工具】按钮，在页面中点击鼠标左键确定第一个点，然后按住鼠标左键并拖动一定距离后释放鼠标确定第二个点，继续拖动鼠标至适合位置后，单击确定第三个点，即可绘制出一条曲线。如图 2-54 所示。

6.B 样条工具

B 样条工具通过创建控制点可以轻松塑造平滑、连续曲线。选取 B 样条工具后，按住鼠标左键并拖动光标绘制出曲线轨迹，在需要转向的位置单击鼠标添加一个轮廓控制点，继续拖动即可改变曲线轨迹。绘制过程中双击鼠标左键完成曲线绘制。将鼠标移动到起始点并单击，可以自动闭合曲线。如图 2-55 所示。

需要调整形状时，可以通过形状工具调整外轮廓，从而轻松调整曲线或闭合路径的图形形状。

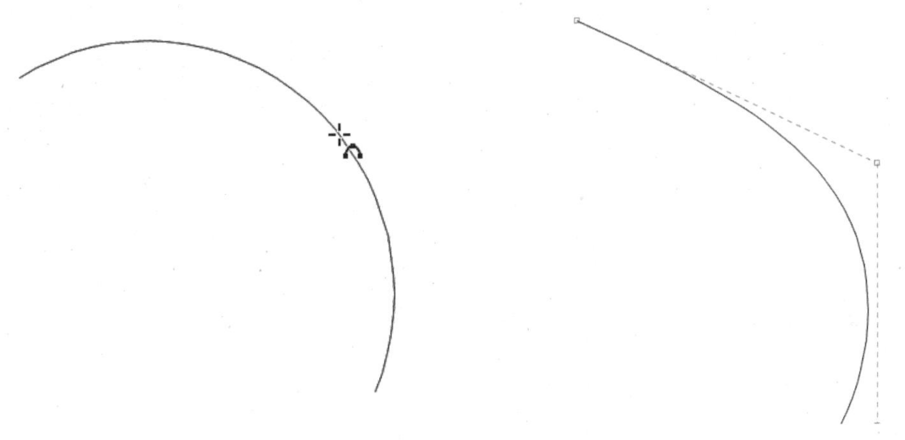

图 2-54　三点曲线工具绘制线段　　图 2-55　B 样条工具绘制曲线

（二）编辑线条

使用绘制工具绘制的曲线只能完成轮廓设计，要满足复杂的设计要求，必须使用编辑线条工具。

1. 移动节点

选择形状工具 ，快捷键为【F10】，用鼠标单击要移动的节点，拖动鼠标至合适的位置释放，即可移动节点。如图 2-56 所示。

如果要移动多个节点，选择形状工具，按住【Shift】键，同时依次单击所需编辑的节点。然后点击属性栏中的弹性模式按钮，在页面中拖动鼠标至合适位置释放即可。如图 2-57 所示。

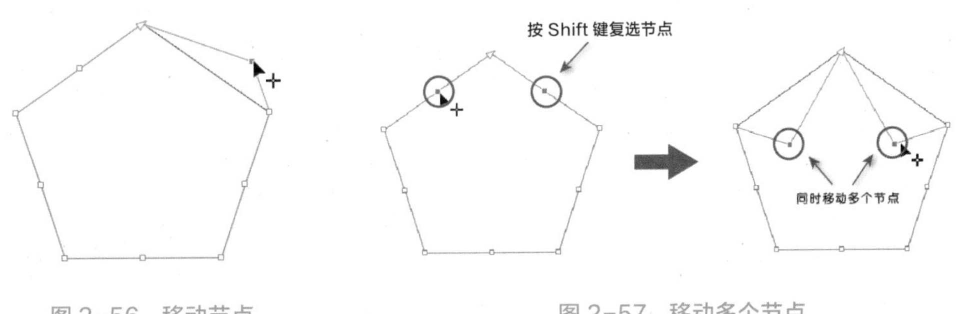

图 2-56　移动节点　　图 2-57　移动多个节点

2. 添加节点

选择形状工具 ，在曲线上相应位置双击鼠标，即可添加节点。如图 2-58 所示。

3. 删除节点

（1）选择形状工具 ，直接双击要删除的节点即可。

（2）选择形状工具 ，单击要删除的节点，按【Delete】键，同样可以删除节点。

（3）选择形状工具 ，单击要删除的节点，然后单击属性栏中的【删除节点】按钮，亦可删除节点。如图 2-59 所示。

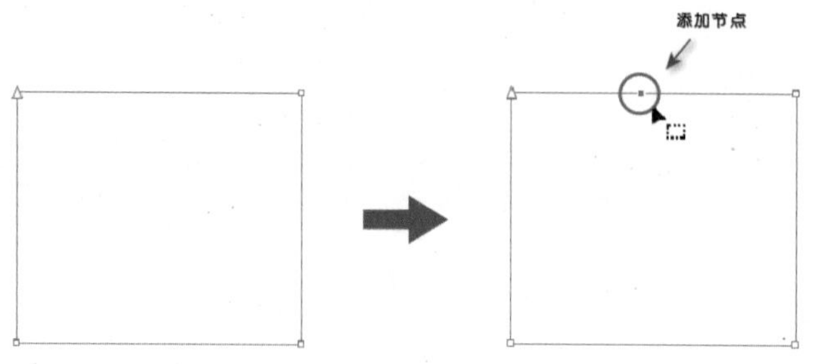

图 2-58　添加节点

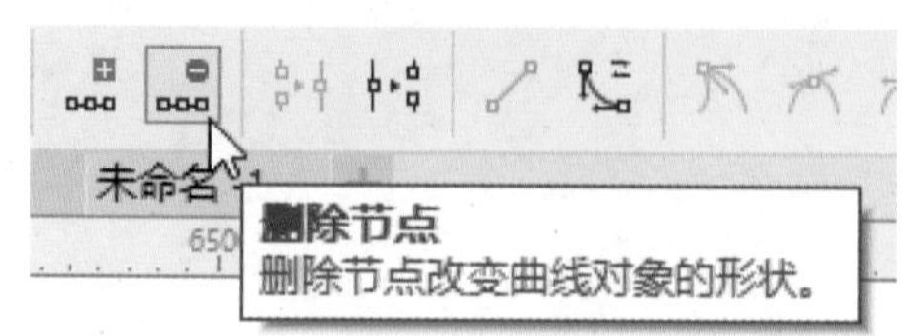

图 2-59　属性栏中的【删除节点】按钮

4. 改变节点属性

软件中节点分为尖突节点、平滑节点和对称节点三种类型。在编辑曲线过程中，通常需要根据设计需求进行节点类型的转换。

（1）尖突节点 。

尖突节点的两侧控制柄是独立调整的。调整节点一侧控制柄的长度和方向，另一侧控制柄不受影响，从而可以制作尖突或凹形曲线。如图 2-60 所示。

（2）平滑节点 。

平滑节点的两侧控制柄的长度和方向不会同步变更。单击节点一侧控制柄端点并拖动，另一侧控制柄的长度不受影响，但两者始终处于同一直线上。如图 2-61 所示。

（3）对称节点 。

对称节点的两侧控制柄的长度和方向会同步变换。单击节点一侧的控制柄端点并拖动，另一侧控制柄的长度与方向会同步变换，并且两者始终处于同一直线上。如图 2-62 所示。

5. 直线转换为曲线

使用形状工具单击直线上的节点，然后单击属性栏中的【转换为曲线】按钮，此时直线段上出现蓝色控制柄，用鼠标拖动控制柄，可以更改直线的弯曲度。如图 2-63 所示。

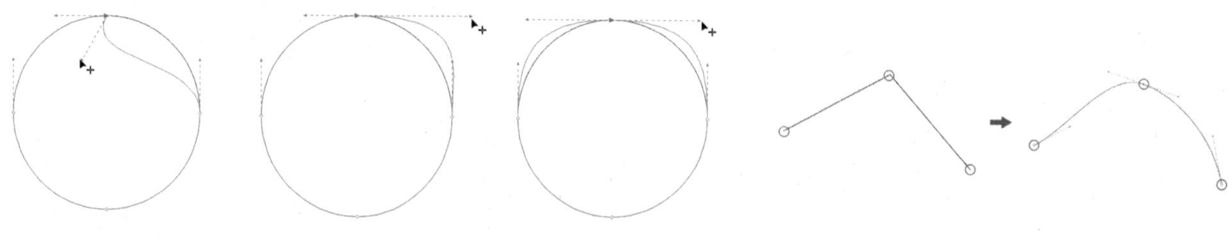

图 2-60　尖突节点　图 2-61　平滑节点　图 2-62　对称节点　图 2-63　直线转换为曲线

6. 曲线转换为直线

使用形状工具单击曲线上的节点，然后单击属性栏中的【转换为线条】按钮。可将所选节点转换为直线，从而改变曲线的形态。如图 2-64 所示。

7. 闭合曲线

单击工具箱中的形状工具，按住【Shift】键，同时选择两个需要连接的节点。然后在属性栏中单击【连接两个节点】按钮，将一个未闭合的图形进行连接，形成一个闭合图形。如图 2-65 所示。

8. 自动闭合曲线

单击工具箱中的形状工具，选择需要闭合的曲线，单击属性中的【闭合曲线】按钮，可将开放曲线的起始点和终止节点自动闭合，形成一个闭合路径。如图 2-66 所示。

使用形状工具选取曲线的起始点和终止点，然后单击属性栏中的【延长曲线使之闭合】按钮，也可自动闭合曲线。

9. 断开曲线

单击工具箱中的形状工具，选择需要断开的节点，然后在属性栏中单击【断开曲线】按钮，即可断开曲线。如图 2-67 所示。

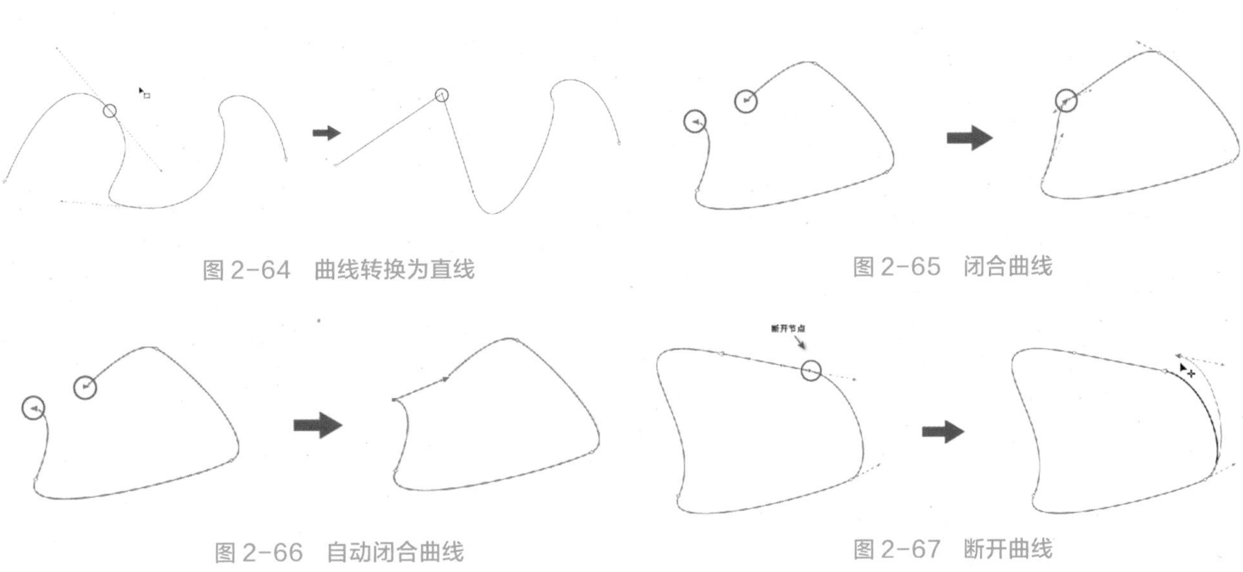

图 2-64　曲线转换为直线

图 2-65　闭合曲线

图 2-66　自动闭合曲线

图 2-67　断开曲线

10. 对齐节点

使用形状工具选择两个节点，然后单击属性栏中【对齐节点】按钮，可弹出“对齐节点”对话框。如图 2-68 所示。

在对话框中选择需要的选项，单击【确定】按钮，即可对齐节点。效果如图 2-69 所示。

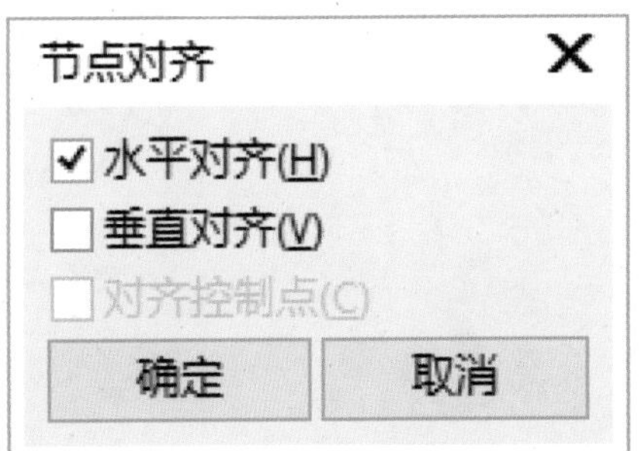

图 2-68　对齐节点对话框

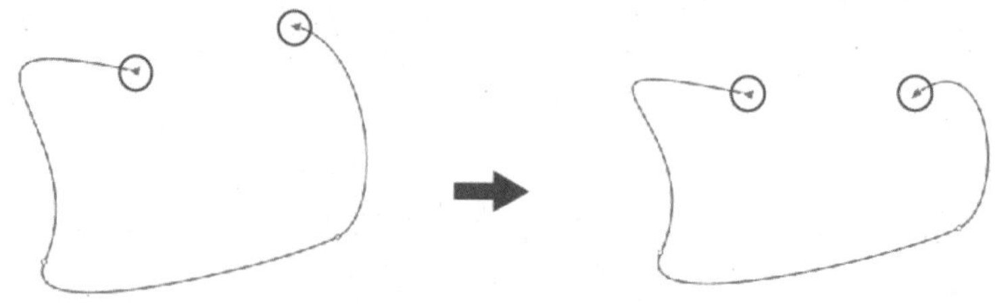

图 2-69　水平对齐两个节点

三、学习任务小结

本节课主要学习了手绘工具、贝塞尔工具、艺术笔工具、钢笔工具、三点曲线工具、B 样条工具等命令的调用方式和绘制技巧。课后，同学们要对这些命令进行反复练习，掌握其最便捷的绘制方式，提高绘图的效率。

四、课后作业

（1）独立完成课程中所有线条的绘制和编辑的示范操作。

（2）应用本节课所学工具，临摹图 2-70。

图 2-70　插画练习

对象的操作与管理

教学目标

（1）专业能力：了解对象的整合命令、合并命令、拆分命令、对齐与分布命令的使用方法；掌握合并、修剪、相交、边界、对齐、分布等控制与管理多个复杂对象的操作方法。

（2）社会能力：具备自我学习能力和语言表达能力。

（3）方法能力：具备资料总结、归纳能力、软件操作能力。

学习目标

（1）知识目标：掌握对象整合、合并与拆分、对齐与分布等命令的调用方式、绘制方法和绘制技巧。

（2）技能目标：能进行对象整合、合并与拆分对象、对齐与分布等命令的技能实训。

（3）素质目标：培养一丝不苟、细致观察、自主学习的能力。

教学建议

1. 教师活动

（1）备自己：要热爱学生、知识丰富、技能精湛、难易适当，加强实用性。

（2）备学生：做教案课件、图形成果、分解步骤、实例示范，加强针对性。

（3）备课堂：要讲解清晰、重点突出、难点突破、因材施教，加强层次性。

（4）备专业：掌握软件使用或版式设计专业的要求，教授知识与传授技能为专业服务。

2. 学生活动

（1）课前活动：看书、看课件、看视频、记录问题，重视预习。

（2）课堂活动：听讲、看课件、看视频、解决问题，反复实践。

（3）课后活动：总结，做笔记、写步骤、举一反三，螺旋上升。

（4）专业活动：加强软件功能的学习与版式设计在室内设计专业中的技能实训。

一、学习问题导入

当绘制多个图形时，如何调整多个图形的顺序并有效管理图形对象的位置与排列，是本次课我们要学习的关键知识点。本次课主要讲解图形对象的操作与管理，主要使用对象的整合命令、合并命令、分拆命令等操作命令做出复杂的图形。同时，掌握对齐与分布命令的操作方法，理解对象排列与分布的技巧。

二、学习任务讲解

（一）对象整合

软件具有功能强大的图形整合功能。我们可利用造型命令组中的命令，制作出各式各样的复杂图形。如图2-71所示。

选择需要整合的对象，执行菜单栏中【对象】→【造型】命令。从子菜单选择所需命令即可完成相应造型操作。如图2-72所示。

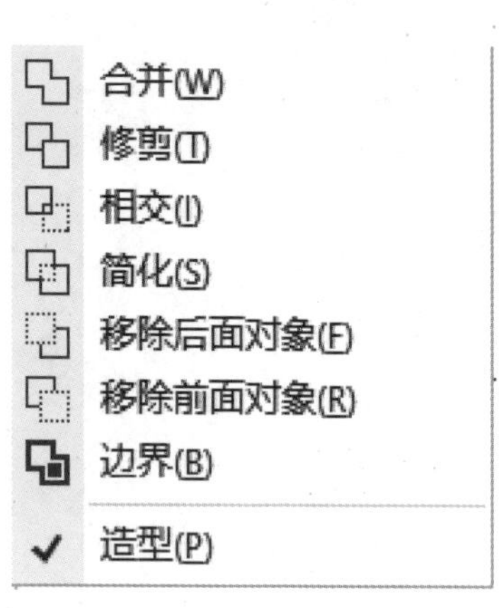

图2-71　图形整合功能

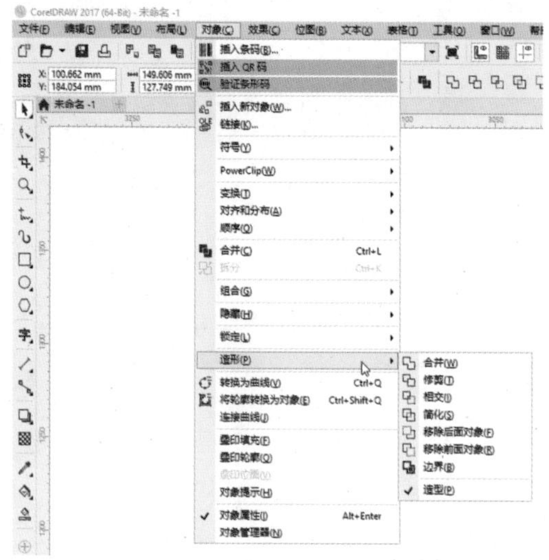

图2-72　造型命令

1. 合并

将选择的多个图形合并为一个整体，相当于多个图形相加运算后得到的图形形态。如图2-73所示。

2. 修剪

将选择的多个图形进行修剪运算，互相减少后得到的图形形态。如图2-74所示。

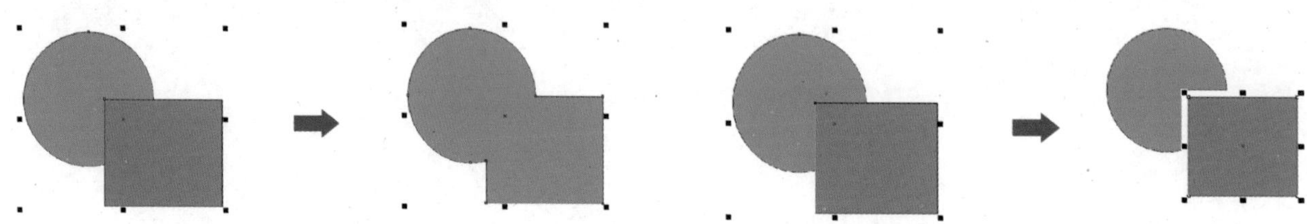

图2-73　合并对象命令

图2-74　修剪对象命令

3. 相交

将选择的多个图形中未重叠的部分删除，生成新的图形形态。如图 2-75 所示。

4. 简化

此命令功能与修剪命令功能相似，但此命令可同时作用于多个重叠图形。如图 2-76 所示。

【修剪】与【简化】的差别如下。修剪：用所有上层对象修剪最下层对象；简化：用上层修剪其下层所有对象，再用第 2 层对象修剪其下所有层对象，如此类推。

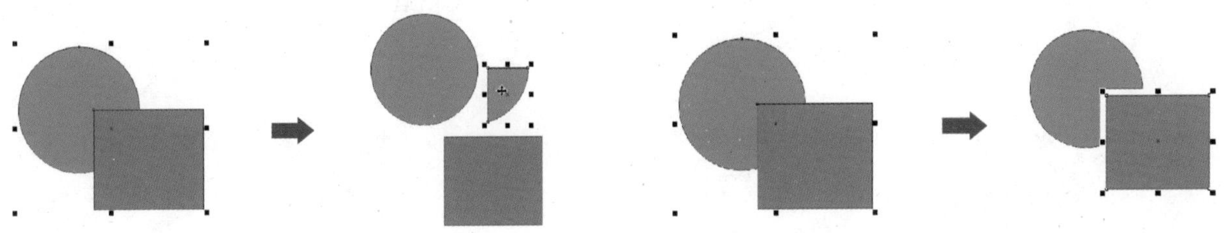

图 2-75 相交对象命令　　图 2-76 简化对象命令

5. 移除后面对象

利用此命令可减去后面的图形及前后图形重叠的部分，只保留前面图形剩下的部分，新图形的属性与上方图形的属性相同。如图 2-77 所示。

6. 移除前面对象

利用此命令可减去前面的图形及前后图形重叠的部分，只保留后面图形剩下的部分，新图形的属性与下方图形的属性相同。如图 2-78 所示。

7. 边界

根据所选对象的外轮廓，创建一个新路径，保留源对象。如图 2-79 所示。

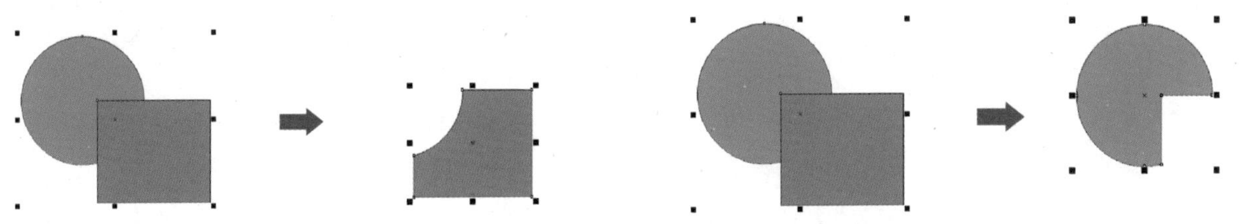

图 2-77 移除后面对象命令　　图 2-78 移除前面对象命令

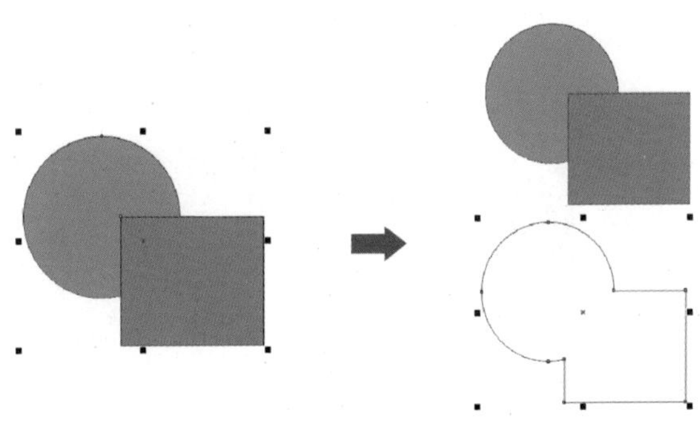

图 2-79 对象边界命令

除上述方法之外，还可以使用造型泊坞窗进行各项操作。执行菜单栏中【窗口】→【泊坞窗】→【造型】命令，即可弹出【造型泊坞窗】。如图 2-80 所示。

造型泊坞窗的选项与上面讲解的命令相同，只是利用造型泊坞窗执行【合并】【修剪】【相交】命令时，增加了【保留原始源对象】和【保留原目标对象】两个选项框。

【保留原始源对象】：在页面中先选择的图形勾选此复选框，在执行合并修剪和相交命令时，来源对象将与目标对象运算生成一个新图形，同时来源对象在绘图窗口中仍然存在。

【保留原目标对象】：在页面中后选择的图形勾选此复选框，在执行和必修结合相交命令时，来源对象将与目标对象运算生成一个新图形，同时目标对象在绘图窗中仍然存在。见图 2-81 所示。

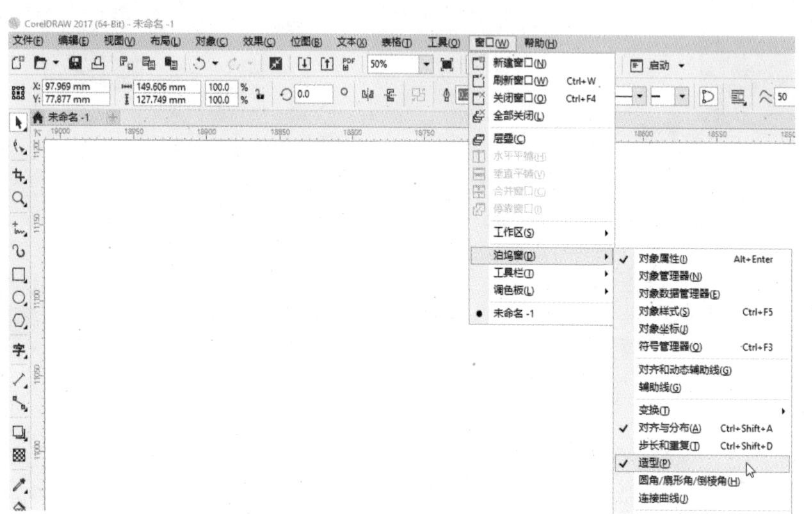

图 2-80　从窗口菜单栏中调出造型泊坞窗

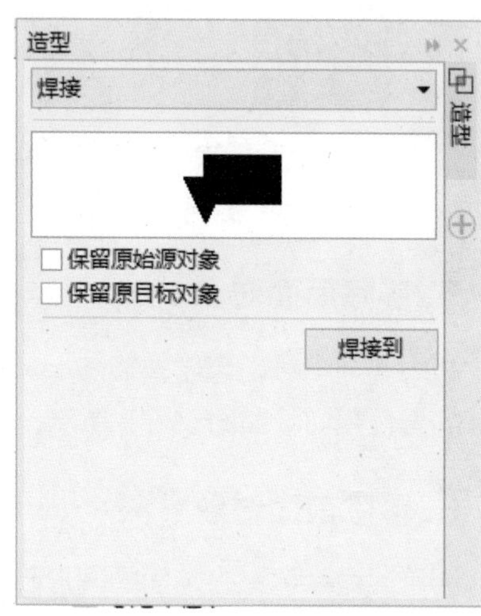

图 2-81　造型泊坞窗中的【保留原始源对象】和【保留原目标对象】

（二）合并与拆分

1. 合并对象

合并是将对象合并为有相同属性的单一对象，合并后的对象会保留最后选择对象的内部填充、轮廓色、轮廓宽度等属性。如图 2-82 所示。如果合并的对象有重叠部分，则合并后重叠的部分为镂空。

选中需要合并的对象，执行菜单栏中【对象】→【合并】命令，也可单击属性栏的【合并】按钮 。快捷键为【Ctrl + L】。见图 2-83 所示。

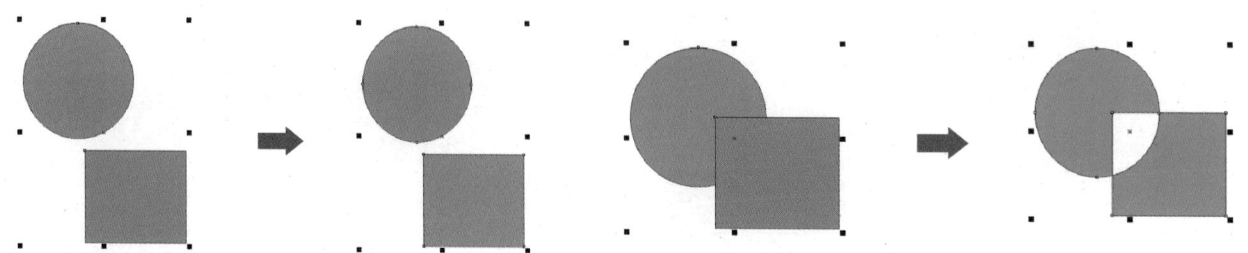

图 2-82　不重叠的对象合并

图 2-83　重叠的对象合并

2. 拆分对象

执行菜单栏中【对象】→【拆分】 命令，或者单击属性栏的【拆分】按钮 ，可将合并的对象拆分为独立的对象，快捷键为【Ctrl + K】。如图 2-84 所示。

（三）对齐与分布

对齐与分布就是将对象按指定的位置进行对齐，按一定的规则进行分布，从而产生较好的视觉效果。

1. 对齐对象

对齐对象可使选中的两个或多个对象在水平或垂直方向上进行对齐。

选择要对齐的对象，执行菜单栏中【对象】→【对齐和分布】命令，选择最下方【对齐和分布】，快捷键为【Ctrl + Shift+ A】，即可弹出【对齐与分布】泊坞窗。如图 2-85 所示。

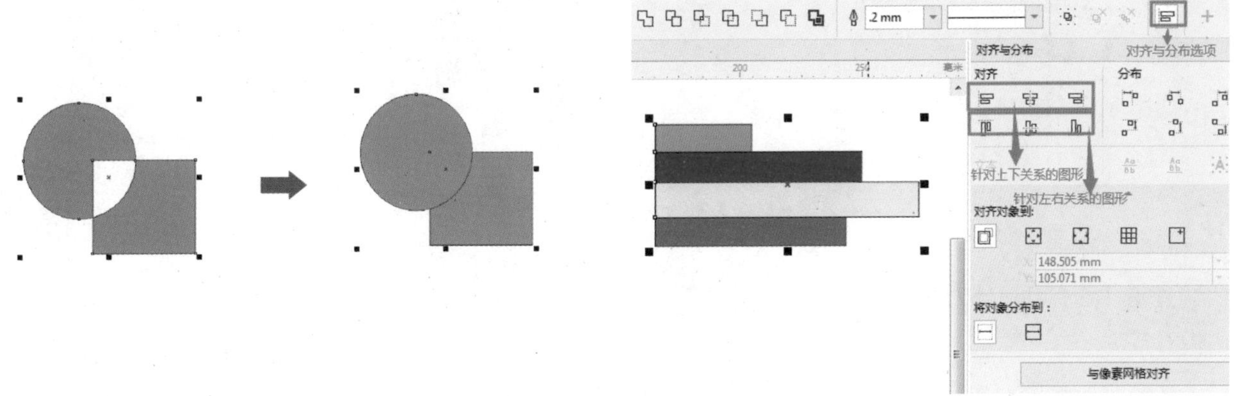

图 2-84　拆分对象

图 2-85　对齐与分布选项

（1）左对齐。

选中多个上下排列的图形，左键点击对齐泊坞窗里面的“左对齐”。如图 2-86 所示。

（2）水平居中对齐。

选中多个上下排列的图形，左键点击对齐泊坞窗里面的“水平居中对齐”。如图 2-87 所示。

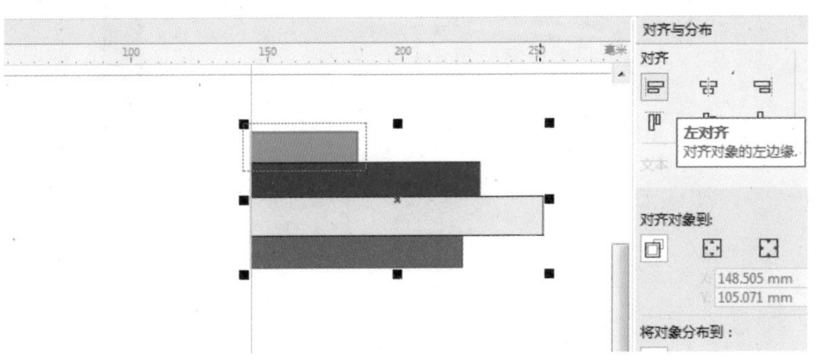

图 2-86　左对齐

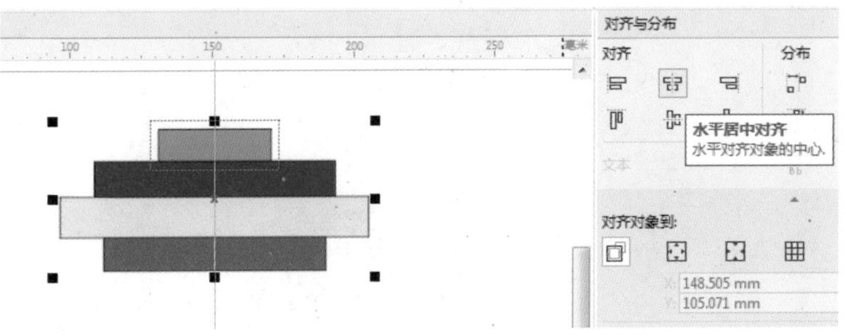

图 2-87　水平居中对齐

（3）右对齐。

选中多个上下排列的图形，左键点击对齐泊坞窗里面的“右对齐”。如图 2-88 所示。

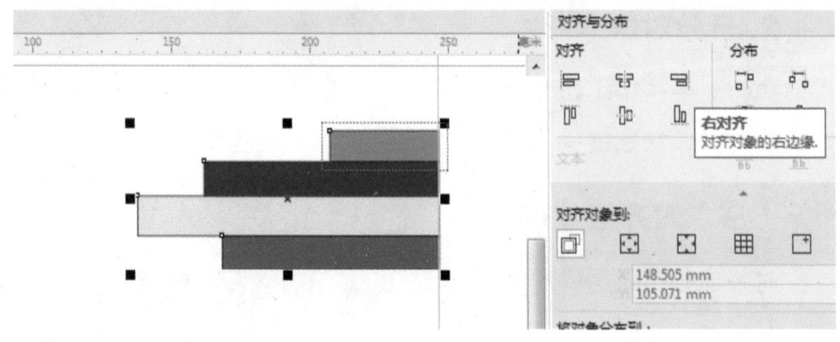

图 2-88　右对齐

（4）顶端对齐。

选中多个左右排列的图形，左键点击对齐泊坞窗里面的“顶端对齐”。如图 2-89 所示。

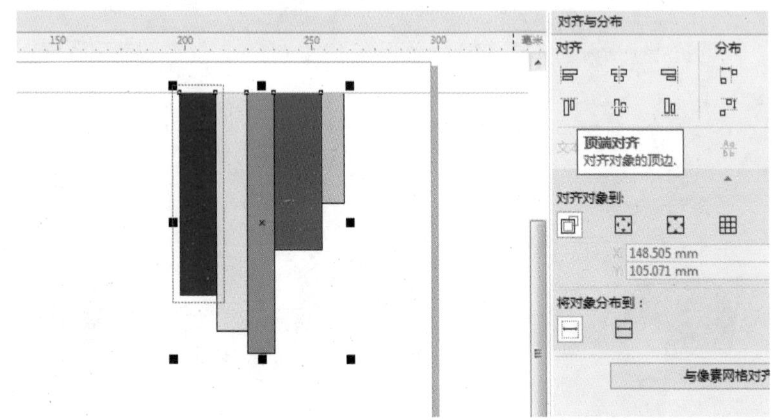

图 2-89　顶端对齐

（5）垂直居中对齐。

选中多个左右排列的图形，左键点击对齐泊坞窗里面的“垂直居中对齐”。如图 2-90 所示。

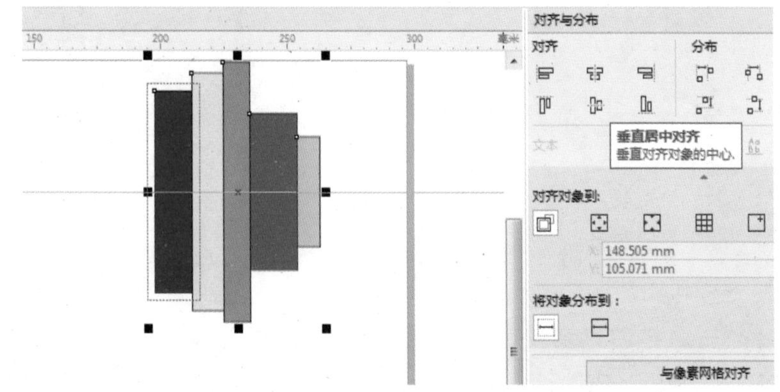

图 2-90　垂直居中对齐

（6）底端对齐。

选中多个左右排列的图形，左键点击对齐泊坞窗里面的“底端对齐”。如图 2-91 所示。

此外，在选定对齐的对象后，按快捷键【E】可设置对象水平居中对齐。

在选定对齐的对象后，按快捷键【C】可设置对象垂直居中对齐。

在选定对齐的对象后，按快捷键【E + C】组合键可实现对象中心对齐。

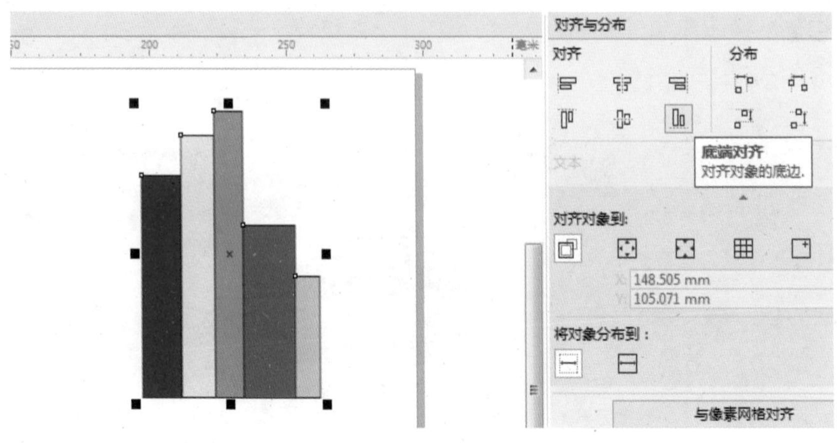

图 2-91　底端对齐

2. 分布对象

分布对象可使所选对象在水平或垂直方向上按照一定的规则平均分布。

选择要分布的对象，执行菜单栏中【对象】→【对齐和分布】命令，选择最下方【对齐和分布】，快捷键为【Ctrl + Shift+ A】，即可弹出【对齐与分布】泊坞窗。如图 2-92 所示。

（1）左分散排列。

选中多个左右排列的图形，左键点击分布泊坞窗里面的“左分散排列”。如图 2-93 所示。

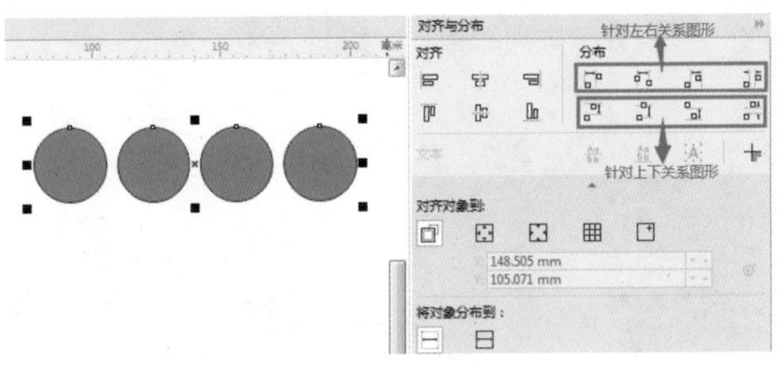

图 2-92　对齐与分布选项

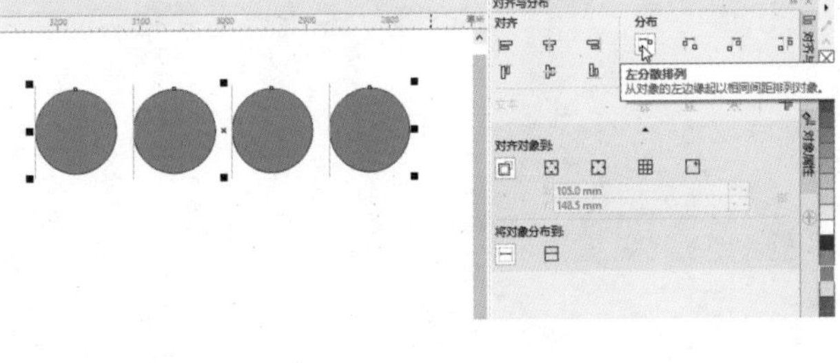

图 2-93　左分散排列

（2）水平分散排列中心。

选中多个左右排列的图形，左键点击分布泊坞窗里面的“水平分散排列中心”。如图 2-94 所示。

（3）右分散排列。

选中多个左右排列的图形，左键点击分布泊坞窗里面的“右分散排列”。如图 2-95 所示。

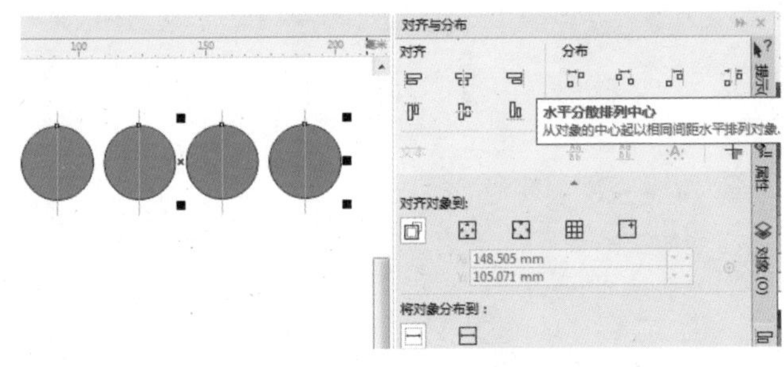

图 2-94　水平分散排列中心

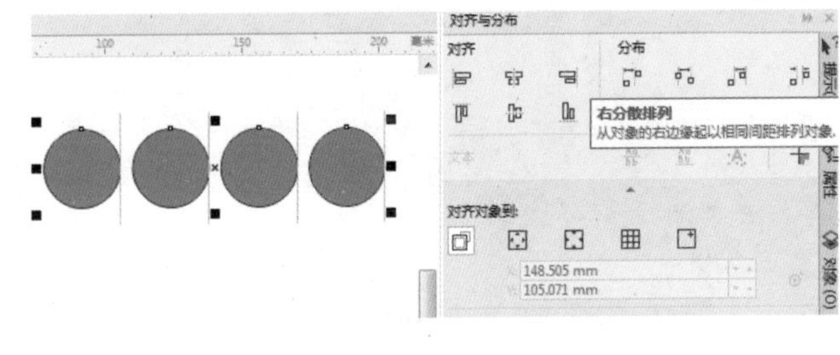

图 2-95　右分散排列

（4）水平分散排列间距。

选中多个左右排列的图形，左键点击分布泊坞窗里面的“水平分散排列间距”。如图 2-96 所示。

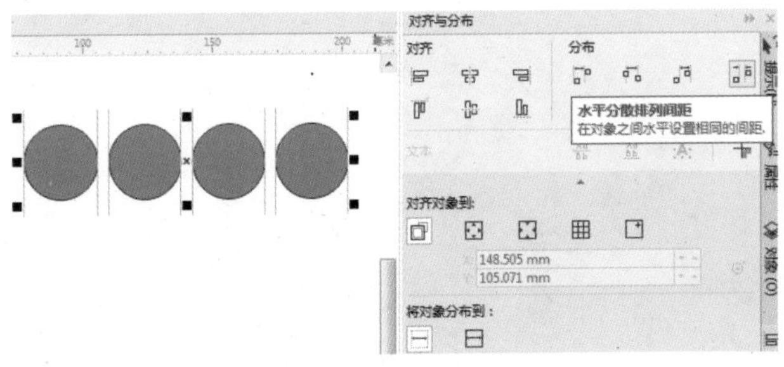

图 2-96　水平分散排列间距

(5) 顶部分散排列。

选中多个上下排列的图形，左键点击分布泊坞窗里面的“顶部分散排列”。如图 2-97 所示。

(6) 垂直分散排列中心。

选中多个上下排列的图形，左键点击分布泊坞窗里面的“垂直分散排列中心”。如图 2-98 所示。

(7) 底部分散排列。

选中多个上下排列的图形，左键点击分布泊坞窗里面的“底部分散排列”。如图 2-99 所示。

(8) 垂直分散排列间距。

选中多个上下排列的图形，左键点击分布泊坞窗里面的“垂直分散排列间距”。如图 2-100 所示。

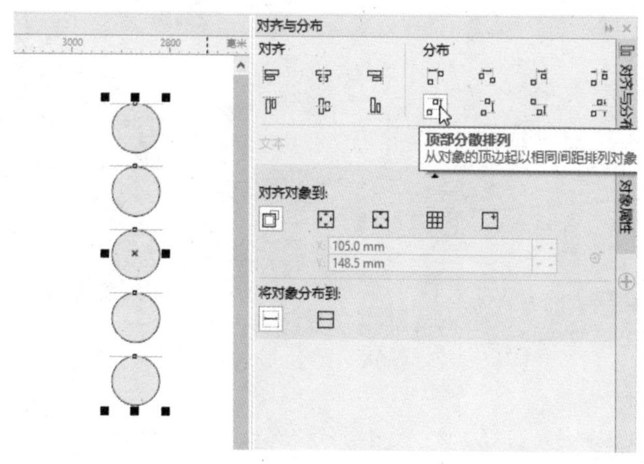

图 2-97　顶部分散排列

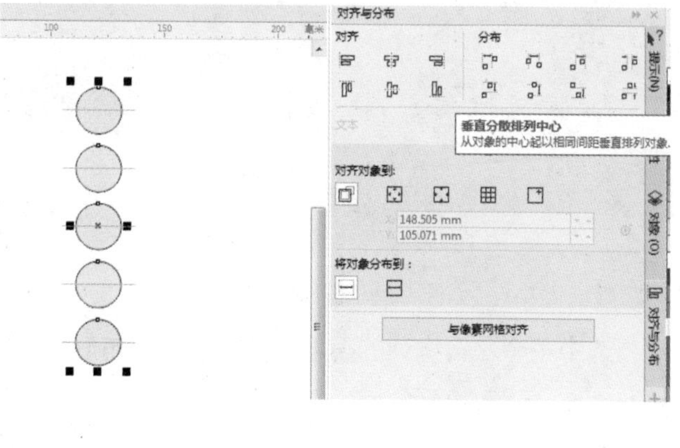

图 2-98　垂直分散排列中心

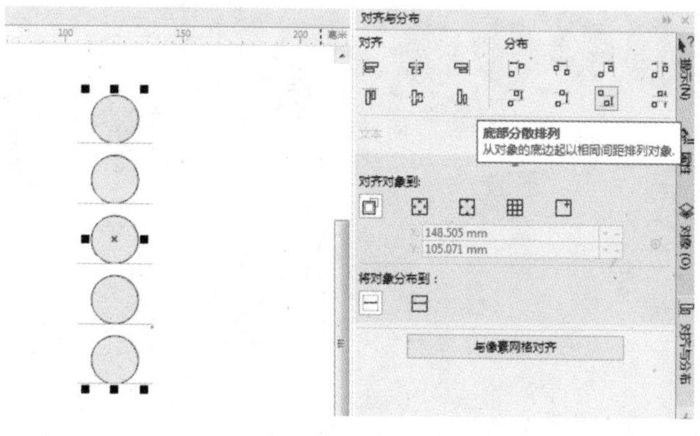

图 2-99　底部分散排列

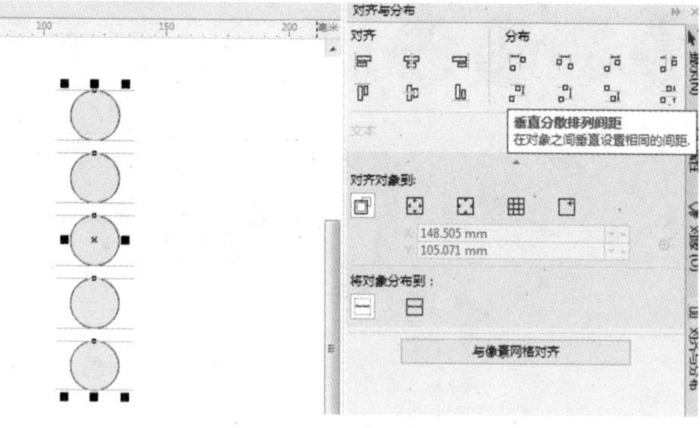

图 2-100　垂直分散排列间距

三、学习任务小结

本节课主要学习了整合命令、合并与拆分命令、对齐与分布命令的调用方式和绘制技巧，进行了合并、修剪、相交、边界、对齐、分布等多种控制与管理多个复杂对象命令的技能实训。课后，同学们要对这些命令进行反复练习，掌握其最便捷的绘制方式，提高绘图的效率。

四、课后作业

（1）独立完成课程中所有对象的操作与管理的示范操作。

（2）应用本节课所学工具临摹图 2-101。

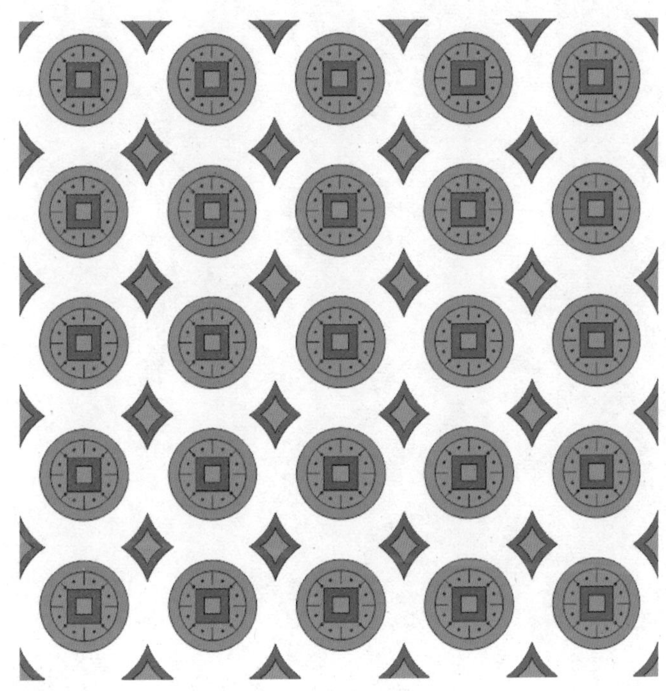

图 2-101　插画练习

轮廓线编辑与色彩填充

教学目标

（1）专业能力：了解轮廓线编辑工具的使用方法，掌握轮廓线的粗细与线条样式的调整以及色彩填充的使用方法，掌握颜色的均匀填充、渐变填充、图样填充、底纹填充、交互式填充、网状填充等多种颜色设置与管理方式。

（2）社会能力：具备自我学习能力和语言表达能力。

（3）方法能力：具备资料整理能力、软件操作能力。

学习目标

（1）知识目标：掌握轮廓线编辑工具、色彩填充等命令的调用方式、绘制方法和绘制技巧。

（2）技能目标：能进行轮廓线编辑工具、颜色填充等命令的技能实训。

（3）素质目标：培养一丝不苟、细致观察、自主学习的能力。

教学建议

1. 教师活动

（1）备自己：要热爱学生、知识丰富、技能精湛、难易适当，加强实用性。

（2）备学生：做教案课件、图形成果、分解步骤、实例示范，加强针对性。

（3）备课堂：要讲解清晰、重点突出、难点突破、因材施教，加强层次性。

（4）备专业：掌握软件使用或版式设计专业的要求，教授知识与传授技能为专业服务。

2. 学生活动

（1）课前活动：看书、看课件、看视频、记录问题，重视预习。

（2）课堂活动：听讲、看课件、看视频、解决问题，反复实践。

（3）课后活动：总结、做笔记、写步骤、举一反三，螺旋上升。

（4）专业活动：加强软件功能的学习与版式设计在室内设计专业中的技能实训。

一、学习问题导入

同学们，大家好！本次课我们一起学习图形的色彩设置。本节课主要讲解轮廓线编辑与色彩填充的操作方法，主要使用选择、设置、清除等命令来编辑轮廓线。同时，需要掌握色彩填充的操作方法，熟悉均匀填充、图样填充、底纹填充等方法。

二、学习任务讲解

（一）编辑轮廓线

1. 选择轮廓线

单击工具箱中【轮廓笔】按钮，选择【轮廓笔】选项，快捷键为【F12】，如图 2-102 所示。打开【轮廓笔】对话框，如图 2-103 所示。

在默认状态下，绘制出来的图形只有黑色轮廓线。可以通过编辑轮廓线制作不同效果的轮廓样式。

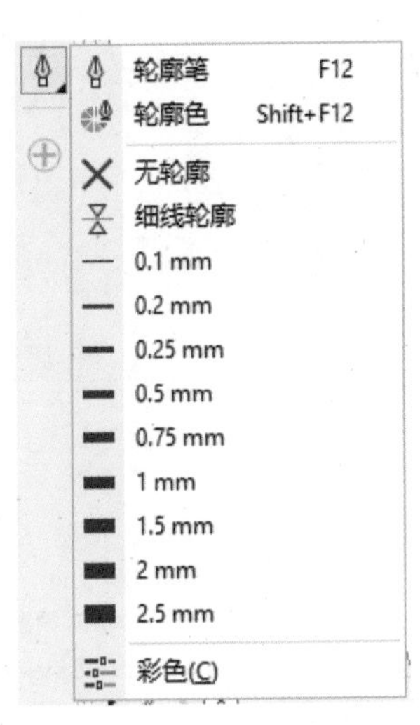

图 2-102 选择【轮廓笔】选项

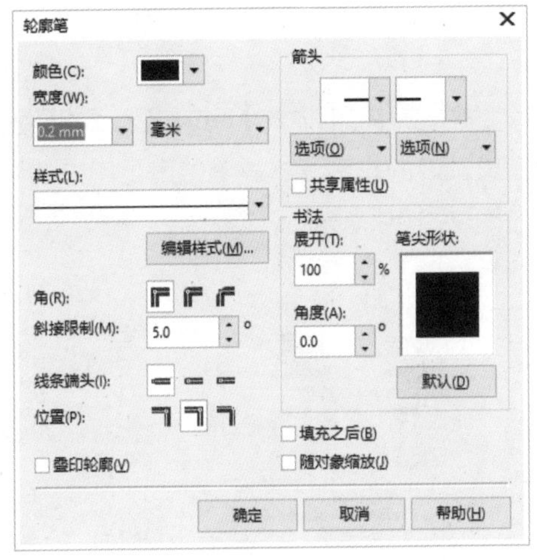

图 2-103 【轮廓笔】对话框

2. 设置轮廓线

绘制图形后，执行菜单栏中【对象】→【对象属性】命令，快捷键为【Alt+ Enter】，即可弹出【对象属性】泊坞窗。如图 2-104 所示。

单击【对象属性】泊坞窗中的【轮廓笔】按钮，打开“轮廓笔”选项对话框，如图 2-105 所示。【对象属性】泊坞窗与【轮廓笔】对话框选项相似，都可设置轮廓线。

【轮廓笔】对话框中各选项的功能如下。

颜色：单击【颜色】下拉按钮，在展开的颜色选取器中选择合适的轮廓颜色，也可以单击【其他】按钮，选择自定义的轮廓颜色，如图 2-106 所示。

宽度：单击【宽度】下拉按钮，在下拉列表中选择合适的轮廓宽度，也可手动输入，如图 2-107 所示。

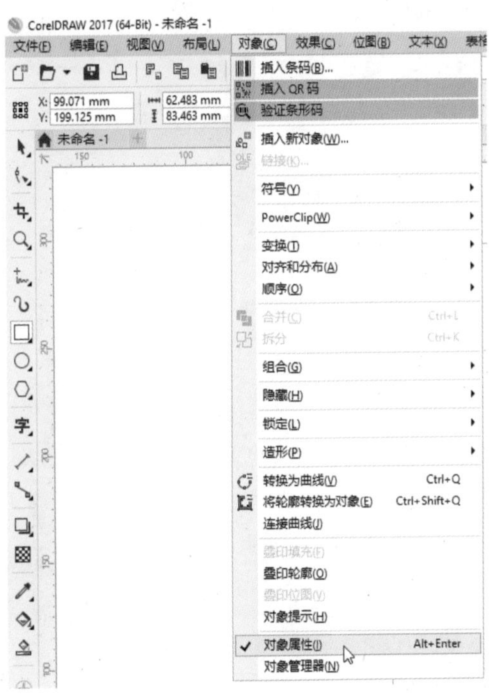

图 2-104 【对象属性】命令

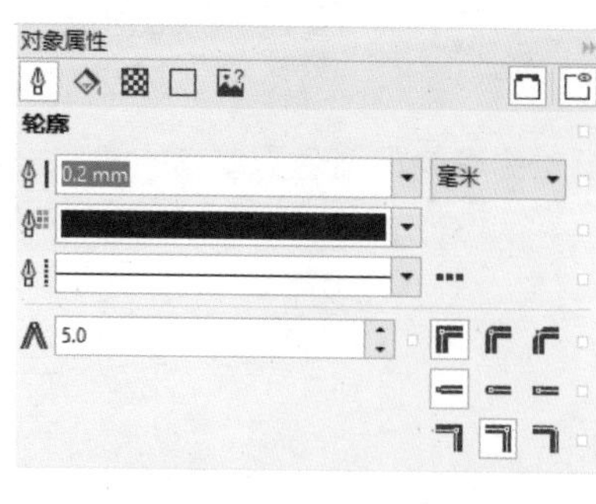

图 2-105 【对象属性】泊坞窗

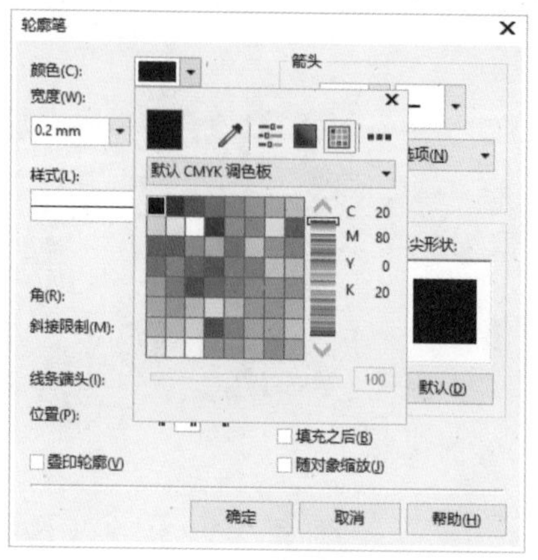

图 2-106 选择轮廓颜色

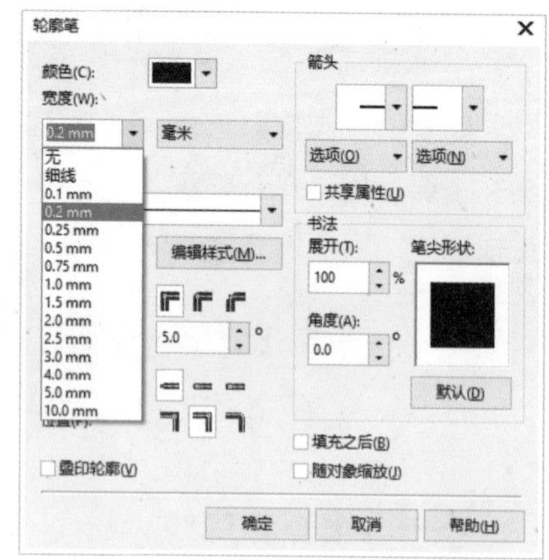

图 2-107 选择轮廓宽度

样式：单击【样式】下拉按钮，弹出预设的样式列表，如图 2-108 所示。用户可从样式列表中选择需要的样式。如果预设的轮廓线样式不能满足用户的要求，可单击 编辑样式(M)... 按钮，从【编辑线条样式】对话框中进行设置。如图 2-109 所示。

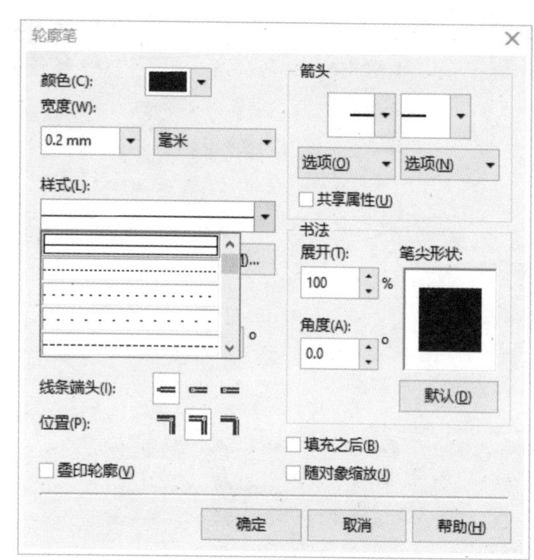

图 2-108 选择轮廓样式

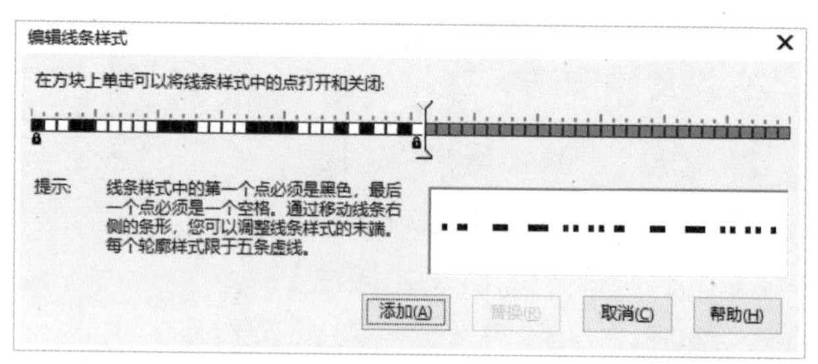

图 2-109 【编辑线条样式】对话框

箭头：此选项有两个下拉列表 箭头 可供选择，左侧用来设置线条开始处的箭头，右侧用来设置线条结束处的箭头。箭头形状如图 2-110 所示。

轮廓宽度、轮廓样式、箭头形状均可直接在属性栏中通过相应选项进行设置。如图 2-111 所示。

角：用于设置轮廓的转角样式，如图 2-112 所示。

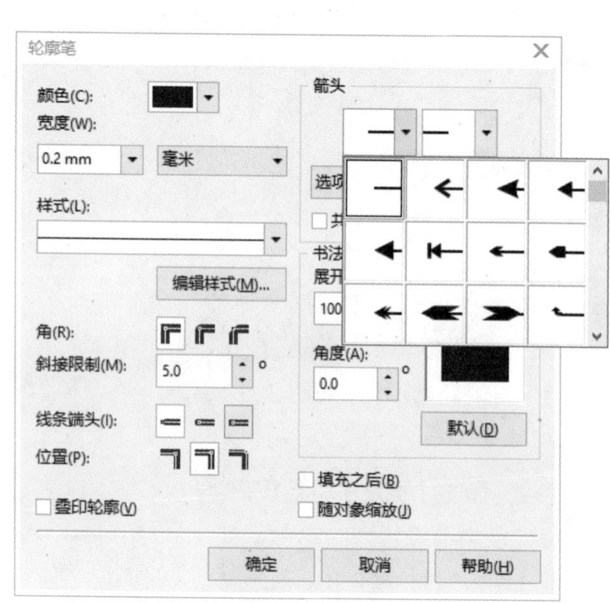

图 2-110 选择箭头样式

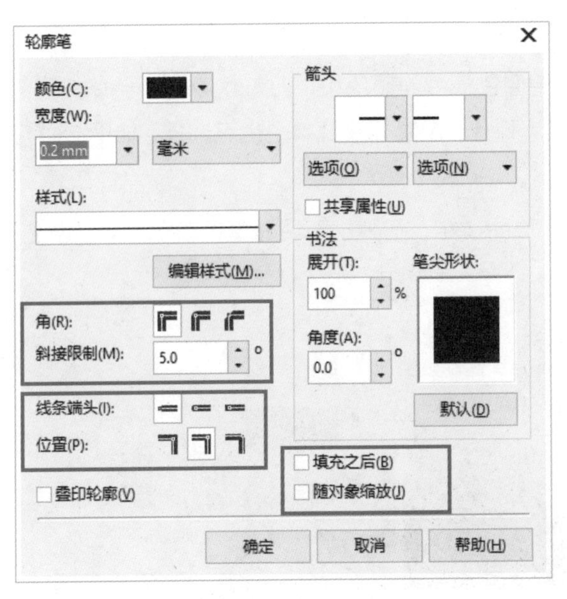

图 2-111　设置轮廓其他选项

图 2-112　轮廓转角样式

线条端头：用于设置线条端头样式，如图 2-113 所示。

填充之后：将轮廓线设置于对象的下方，效果如图 2-114 所示。

随对象缩放：在缩放对象时，线条宽度会随对象缩放，如图 2-115 所示。如没有勾选随对象缩放选项，在缩放对象时，线条宽度则不会随之缩放。如图 2-116 所示。

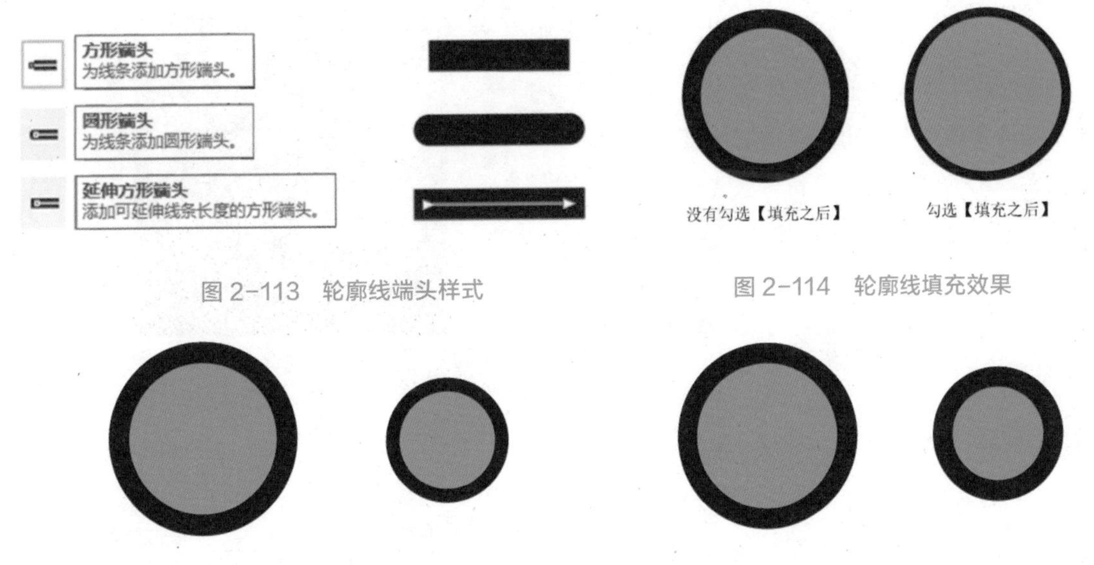

图 2-113　轮廓线端头样式

图 2-114　轮廓线填充效果

图 2-115　勾选【随对象缩放】的效果

图 2-116　没有勾选【随对象缩放】的效果

3. 清除轮廓线

在选择对象后，用鼠标右键单击窗口右侧调色板上方的按钮，或者在工具箱中的“轮廓笔”按钮选项中选择即可。

（二）颜色填充

1. 均匀填充

均匀填充是为对象填充单一的颜色，即单色填充。调色板是多个纯色的集合，使用【窗口】→【调色板】→【默认 CMYK 调色板】命令，可打开默认调色板。

使用选择工具选取需要填充颜色的对象，然后单击窗口右侧调色板中的颜色块，即可将所选颜色填充到图形对象上。此外，在所选的颜色上按住鼠标左键不放，可弹出其近似色，用鼠标左键单击也可选择。如图 2-117 所示。

如果要自定义对象的均匀填充色，可使用工具箱中【编辑填充】按钮，在弹出对话框中，选择【均匀填充】选项来设置。如图 2-118 所示。

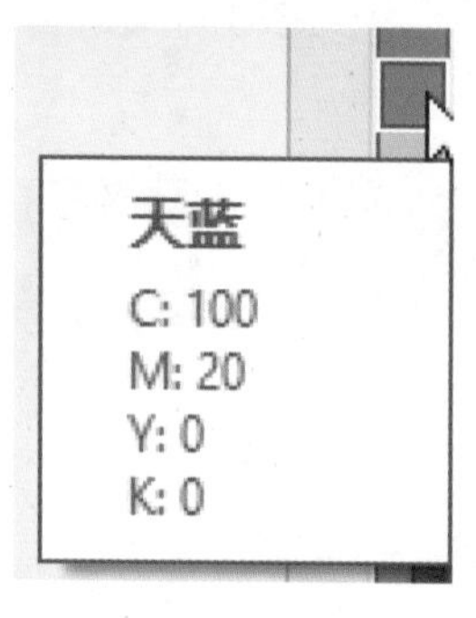

图 2-117 【调色板】命令

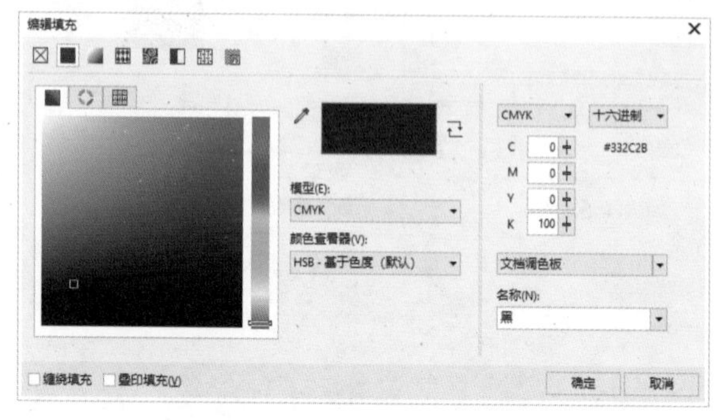

图 2-118 【编辑填充】对话框

在对话框的中间有一个色带滑块，上下拖动色带上的滑块可选择需要填充的大致色彩范围；在左边的色彩选择区中，有一个用于选择色彩的小方框，拖动此方框可以精确地选择需要的色彩；也可以直接在对话框右侧选区的色彩输入框中输入数值来设置需要填充的颜色。设置颜色后单击【确定】按钮，即可对所选的对象进行均匀填充。

单色填充也可以通过【颜色泊坞窗】来完成。选中要填充的对象，然后单击工具箱中的【颜色】按钮，打开【颜色泊坞窗】，设置方法与【均匀填充】对话框基本相同。如图 2-119 所示。

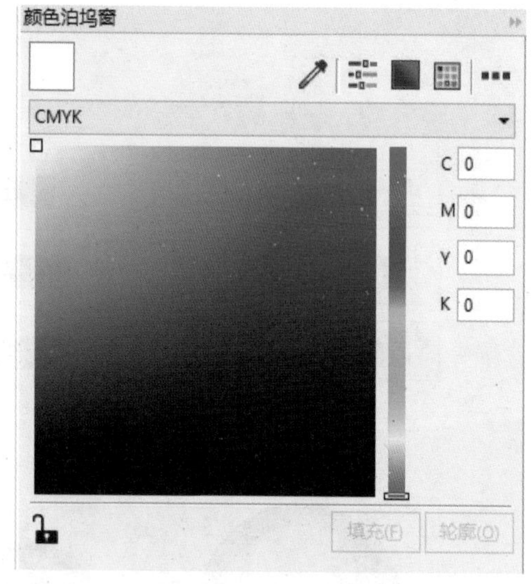

图 2-119 颜色泊坞窗

2. 渐变填充

渐变填充是用两种或几种颜色之间的过渡色填充对象，它可以产生很强的层次感和金属光泽的效果。渐变填充有线性、辐射、圆锥和矩形 4 种填充方法，如图 2-120 所示。

（1）线性渐变填充。

线性渐变填充是指在两个或两个以上的颜色之间产生线性过渡色效果。

（2）辐射渐变填充。

辐射渐变填充是指在两个或两个以上的颜色之间，产生以同心圆的形式由对象中心向外辐射的颜色渐变效

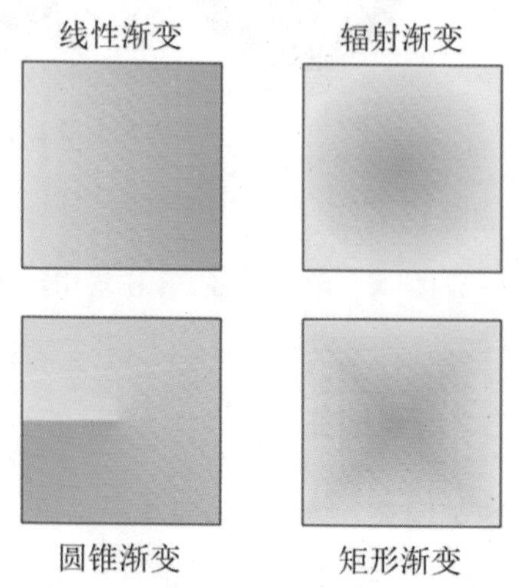

图 2-120 四种渐变填充

果。此方式可以更好地体现球体的光线变化效果和光晕效果。

（3）圆锥渐变填充。

圆锥渐变填充是指在两个或两个以上的颜色之间产生的色彩渐变，模拟光线落在圆锥上的视觉效果，使图像产生空间立体感。

（4）矩形渐变填充。

矩形渐变填充是指在两个或两个以上的颜色之间，产生以同心矩形的形式从对象中心向外扩散的色彩渐变。

单击工具箱中【编辑填充】按钮，在弹出的对话框中，选择【渐变填充】选项。系统默认的填充类型为线性，如图 2-121 所示。

在【填充挑选器】中点击【色条】滑块，【小方块】 中可设置渐变颜色，在【色条】中任意位置点击，可添加新的渐变颜色，同时显示当前所处的位置颜色信息，也可输入数值或拖动滑块来改变颜色。如图 2-122 所示。

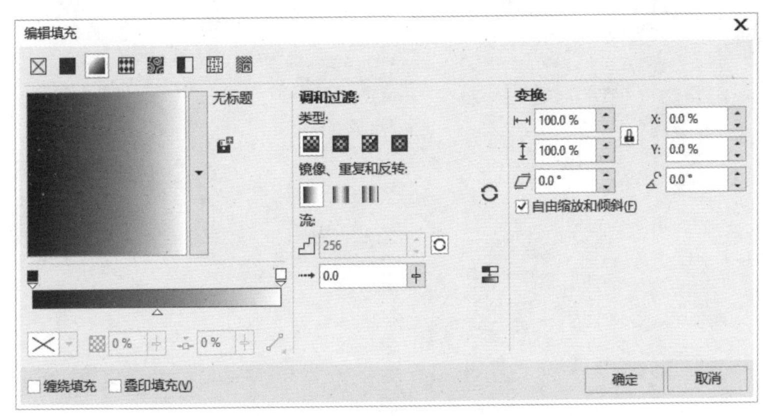

图 2-121 【渐变填充】对话框

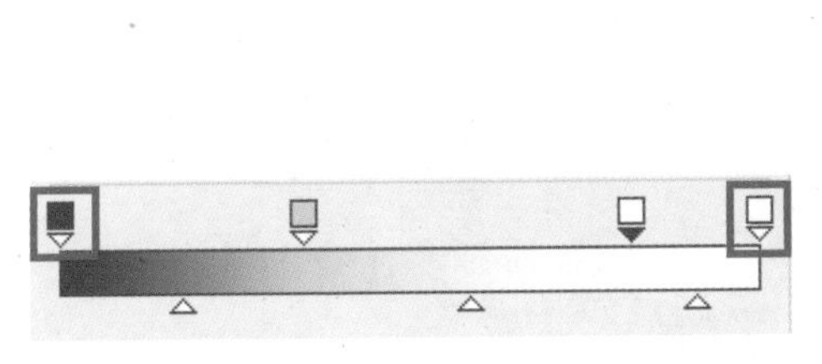

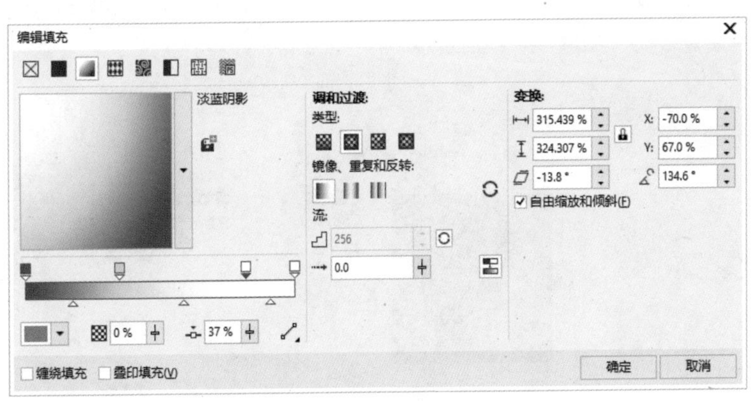

图 2-122 设置渐变填充颜色

3. 图样填充

使用图样填充可直接为对象填充不同的图样，也可以用绘制或导入的不同图像创建不同的填充。图样填充分为向量图样填充、位图图样填充和双色图样填充。如图 2-123 所示。

（1）向量图样填充。

选中要填充的对象，单击工具箱中【编辑填充】按钮，在弹出对话框中选择【向量图样填充】选项。向量图样填充是指由矢量图案和线条样式组成的图案样式。向量图样填充模式下【图样填充】对话框设置如图 2-124 所示。

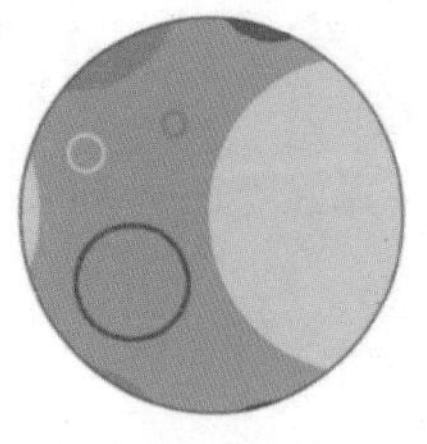

向量图样填充

位图图样填充

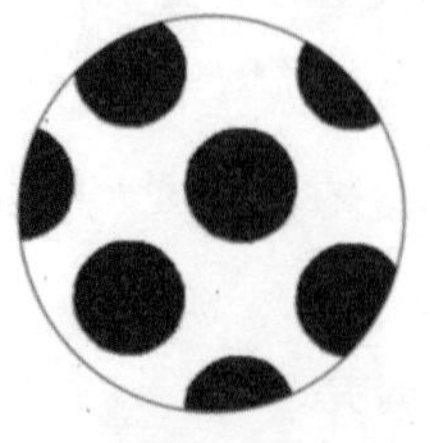

双色图样填充

图 2-123　图样填充分类

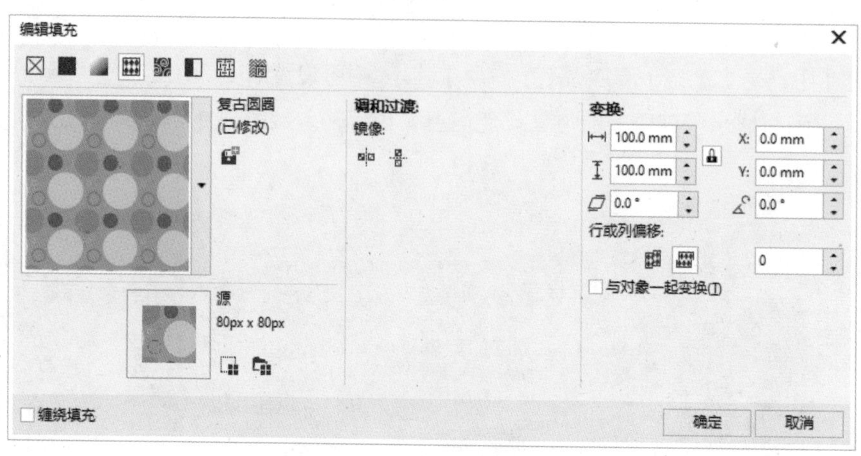

图 2-124　【向量图样填充】对话框

（2）位图图样填充。

选中要填充的对象，单击工具箱中【编辑填充】按钮，在弹出对话框中选择【位图图样填充】选项。位图图样填充是指用预设好的位图图案填充对象，填充后图形复杂性取决于图像大小和分辨率等，其填充方法与全色填充类似。如图 2-125 所示。

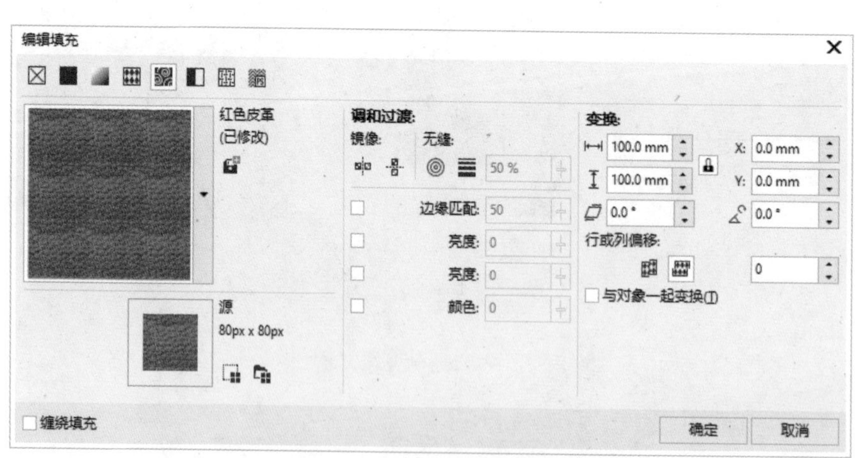

图 2-125　【位图图样填充】对话框

（3）双色图样填充。

选中要填充的对象，单击工具箱中【编辑填充】按钮，在弹出对话框中，选择【双色图样填充】选项。双色图样填充是指填充效果只有“前部”和“后部”两种颜色的图案样式，如图 2-126 所示。

对话框中各选项的功能如下。

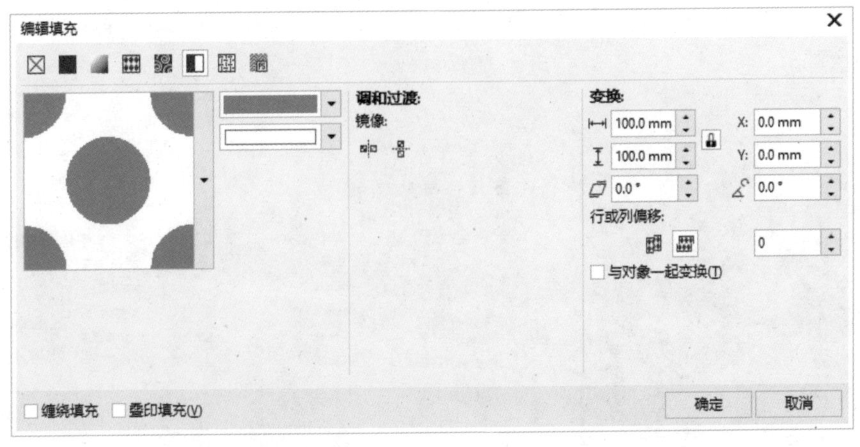

图 2-126　【双色图样填充】对话框

前部：用于设置图案的前部颜色。

后部：用于设置图案的后部颜色。

原始：在“X”和“Y”数值框中输入数值，可改变图形的位置。

大小：在“宽度”和“高度”数值框中输入数值，可设置填充图案单元大小。

变换：在“倾斜”和“旋转”数值框中输入数值，可使填充图案倾斜或旋转。

行或列偏移：调整“行”或“列”的百分比值，可使图案产生错位的效果。

将填充与对象一起变换：选中该复选框后，在对图形进行变换时，用于填充的效果也会随之发生变换；反之则保持不变。

镜像填充：选中该复选框后，可使图案产生镜像的填充效果。

4. 底纹填充

底纹填充是随机生成的，可用于赋予对象自然的外观，而且每种底纹均有一组可更改的选项，可进行自定义底纹颜色填充。

选中要填充的对象，单击工具箱中【编辑填充】按钮，在弹出对话框中选择【底纹填充】选项。如图 2-127 所示。

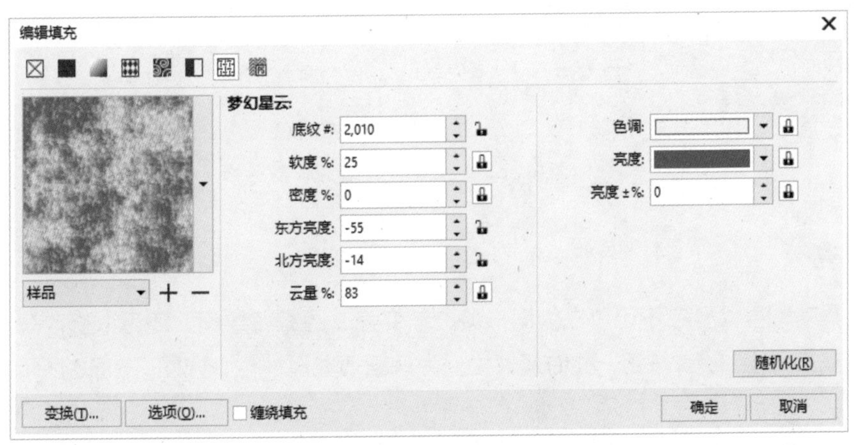

图 2-127　【底纹填充】对话框

在【底纹列表】中选择所需要的底纹样式，并在对话框右边的选项中选择底纹参数，单击【确定】按钮即可，效果如图 2-128 所示。

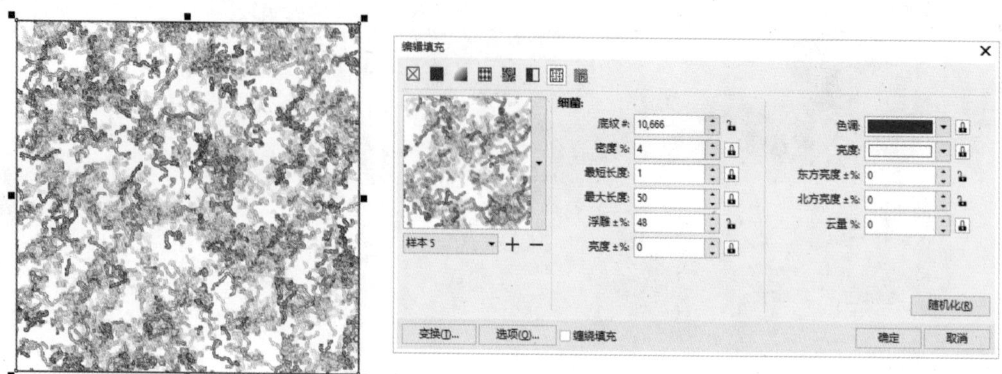

图 2-128　底纹填充效果

5.PostScript 填充

PostScript 填充是使用 PostScript 语言设计出来的一种特殊图案填充效果。选中要填充的对象，单击工具箱中【编辑填充】按钮，在弹出对话框中，选择【PostScript 填充】选项。界面如图 2-129 所示。

在应用 PostScript 底纹填充时，可以更改底纹的大小、线宽以及底纹的前景和背景中出现的灰色值等参数，使形状的填充形式多样化。但 PostScript 填充图案非常复杂，在打印和更新屏幕显示时需要更多的处理时间。

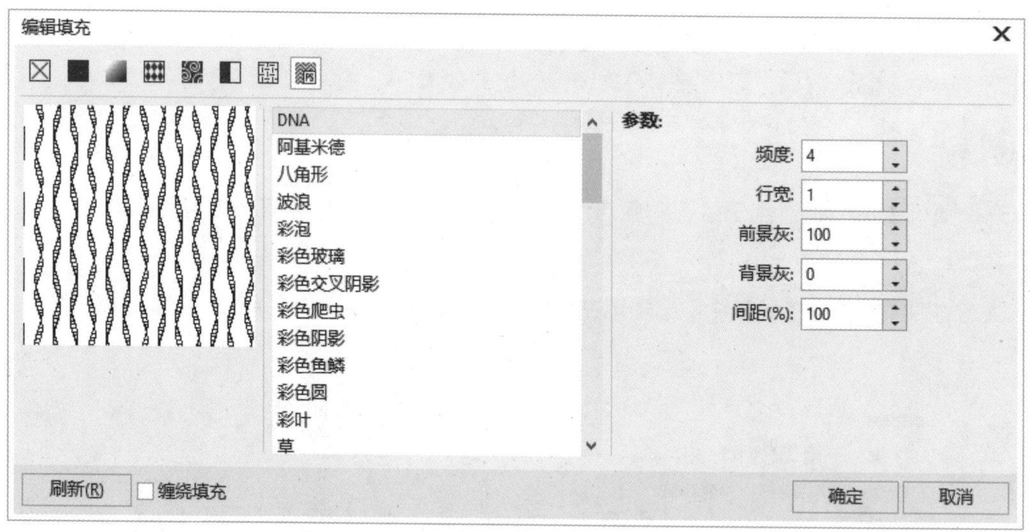

图 2-129　【PostScript 填充】对话框

6. 交互式填充

交互式填充工具功能强大，它不但可以为图形填充渐变色、图案和纹理，还可以修改填充效果。单击工具箱中的【交互式填充工具】 按钮，此时属性栏变为编辑填充属性栏，如图 2-130 所示。

图 2-130　编辑填充属性栏

单击编辑填充属性栏中相应填充类型图标，如图 2-131 所示。展开相应填充类型下拉列表，就可以从中选择需要的填充类型用于填充对象。

图 2-131　填充类型选项

7. 网状填充

网状填充工具可以轻松制作出复杂多变的网格填充效果，用户可以将每个网点填充上不同的颜色，并定义颜色填充的扭曲方向，从而产生各异的填充效果。

单击工具箱中的【网状填充工具】按钮后，在属性栏中可以设置水平或垂直方向上的网格数，如图 2-132 所示。将光标指向节点，光标变为时，单击选中节点，再单击调色板中的色块，可为节点填充颜色，如图 2-133 所示。

创建网格对象后，可以通过添加、移除节点等方式编辑网格。使用鼠标左键双击即可添加或删除节点；在网格节点上拖动鼠标，可以改变节点的位置，调整节点的控制柄可改变填充效果。

图 2-132　网状填充属性栏

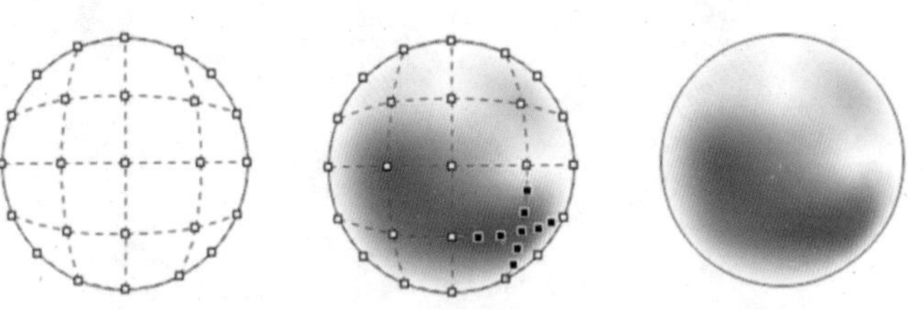

图 2-133　网状填充效果

三、学习任务小结

本次任务主要学习了轮廓线编辑工具、颜色填充等命令的调用方式和绘制方法。课后，同学们要对这些命令进行反复练习，掌握其最便捷的绘制方式，提高绘图的效率。

四、课后作业

（1）独立完成课程中所有轮廓线编辑与色彩填充的示范操作。

（2）应用本节课所学工具，临摹图 2-134。

图 2-134　插画练习

文本的处理

教学目标

（1）专业能力：了解文字工具在不同文本需求下的使用方法，掌握美术字文本、段落文本、路径文本、图形文本等多种文本文字的操作技法。

（2）社会能力：具备自我学习能力和语言表达能力。

（3）方法能力：具备资料收集、整理能力以及软件操作能力。

学习目标

（1）知识目标：掌握美术字文本、段落文本、路径文本、图形文本等命令的调用方式、绘制方法和绘制技巧。

（2）技能目标：能进行美术字文本、段落文本、路径文本、图形文本等命令的技能实训。

（3）素质目标：培养一丝不苟、细致观察、自主学习的能力。

教学建议

1. 教师活动

（1）备自己：要热爱学生、知识丰富、技能精湛、难易适当，加强实用性。

（2）备学生：做教案课件、图形成果、分解步骤、实例示范，加强针对性。

（3）备课堂：要讲解清晰、重点突出、难点突破、因材施教，加强层次性。

（4）备专业：掌握软件使用或版式设计专业的要求，教授知识与传授技能为专业服务。

2. 学生活动

（1）课前活动：看书、看课件、看视频、记录问题，重视预习。

（2）课堂活动：听讲、看课件、看视频、解决问题，反复实践。

（3）课后活动：总结，做笔记、写步骤、举一反三，螺旋上升。

（4）专业活动：加强软件的功能的学习与版式设计在室内设计专业中的技能实训

一、学习问题导入

在画册的排版设计与制作过程中，图形、色彩、文字是最基本的三大要素。本次课我们学习运用 CorelDRAW 软件进行文本处理的方法，熟悉其强大的文字处理和编排复杂版式的功能，并制作出美观大方的文字。本次任务主要使用文本格式化、路径排列、调整字符间距等命令。

二、学习任务讲解

（一）创建文本

在 CorelDRAW 中可以添加两种类型的文本，即美术字文本与段落文本。美术字文本用于添加少量文字，一般可用作标题，它具有矢量图的属性，可以当作一个单独的图形对象来处理。段落文本用于添加篇幅较大的文本，可对其进行格式化处理。

1. 美术字文本

（1）创建美术字文本。

单击工具箱中的【文本工具】字按钮，在页面上单击鼠标，此时单击处出现闪烁的文字光标，即可输入美术字文本。如图 2-135 所示。

（2）文本属性栏。

选中或者输入文本后，属性栏如图 2-136 所示。用户可以通过属性栏修改文本属性。

在属性栏中单击【字体列表】微软简综艺下拉表框，可选择字体；单击【字体大小】18 pt 下拉列表框，可设置文字的大小。如图 2-137 所示。

室内设计图册编排

图 2-135　创建美术字文本

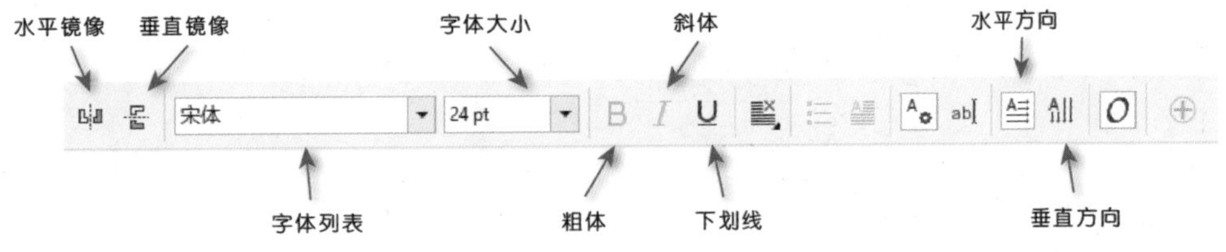

图 2-136　文本属性栏

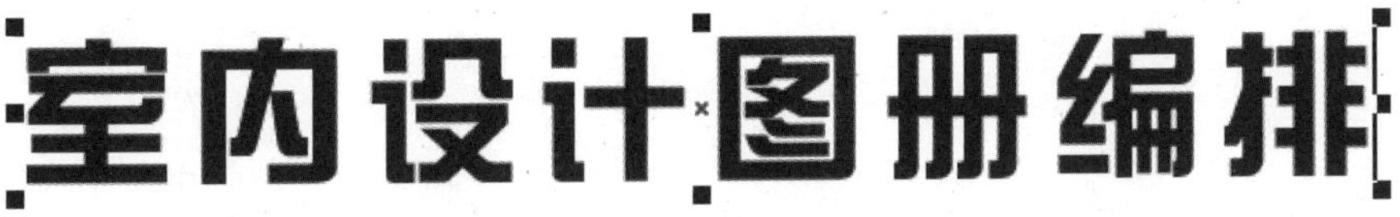

室内设计图册编排

图 2-137　字体字库与大小设置

输入文字后，可直接拖动文本四周的控制点来改变字体的大小。如果要精确调整字体，只有在选择之后方可操作。

单击属性栏中粗体、斜体或下划线按钮，可设置字符效果；单击文字方向按钮可转换文字的排列方向。如图 2-138 所示。

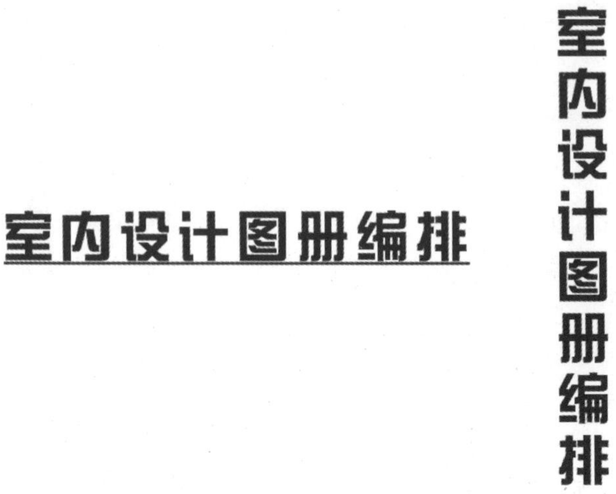

室内设计图册编排
室内设计图册编排

图 2-138　改变文字排列方向

2. 段落文本

（1）创建段落文本。

单击工具箱中的【文本工具】字按钮，在页面中拖动鼠标创建一个矩形文本框，光标将停留在文本框的左上角，此时可直接输入文字。如图 2-139 所示。

（2）调整段落文本框。

段落文本内容只能在文本框内显示，超出文本框容纳范围的文字会被自动隐藏，此时文本框呈红色虚线文本框下的控制柄内会有一个黑色的小三角 ▼，拖动控制柄扩大文本框，隐藏的文本就会显示出来，如图 2-140 所示。

在画册的排版设计与
制作过程中，图形、
色彩、文字是最基本
的三大要素。文字能
直观地反映，各种信
息是其他要素不能代
替的。

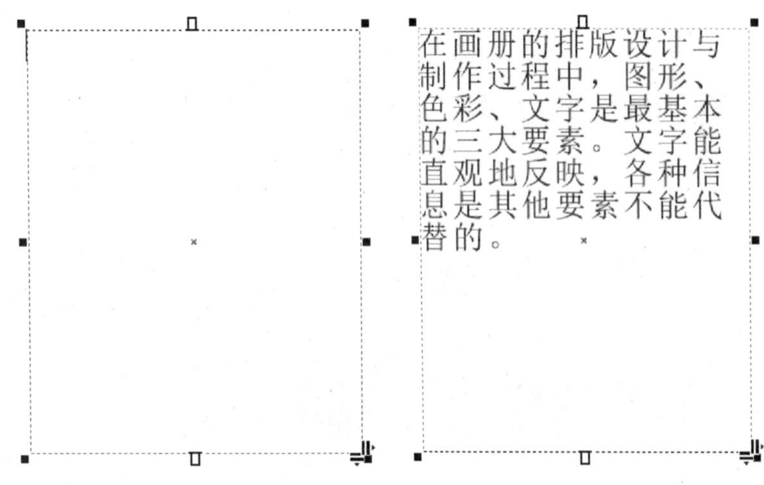

图 2-139　创建段落文本

在画册的排版设计与
制作过程中，图形、
色彩、文字是最基本
的三大要素。文字能
直观地反映，各种信
息是其他要素不能代
替的。今天我们学习
通过CorelDRAW X6软
件的文本的处理方法
与工具，使用其进行
专业强大的文字处理
和编排复杂版式的强
大功能，可以制作出

图 2-140　调整段落文本框

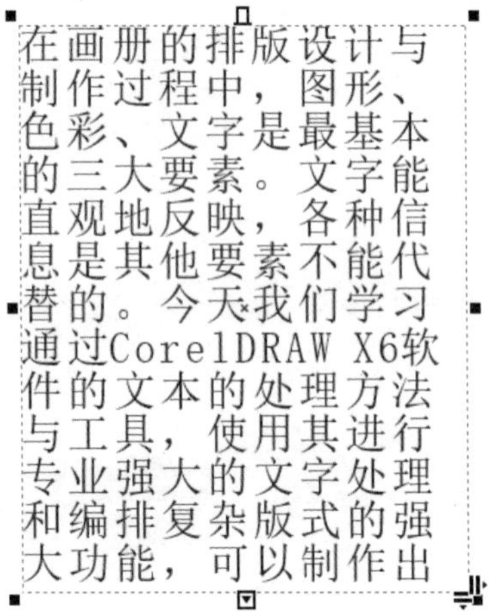

如果要将输入的文本发散在多个文本框中链接显示，可再次使用文本工具拖出一个文本框，如图 2-141 所示。用鼠标单击第一个文本框下方的小三角 ▼ 按钮，鼠标移动至第二个文本框，此时鼠标变为 ➧ ，然后单击第二个文本框，此时第一个文本框下方的小三角 ▼ 变为 ，第一个文本框中未显示出的文本自动移至第二个文本框。如图 2-142 所示。

在画册的排版设计与制作过程中，图形、色彩、文字是最基本的三大要素。文字能直观地反映，各种信息是其他要素不能代替的。今天我们学习通过CorelDRAW X6软件的文本的处理方法与工具，使用其进行专业强大的文字处理和编排复杂版式的强大功能，可以制作出

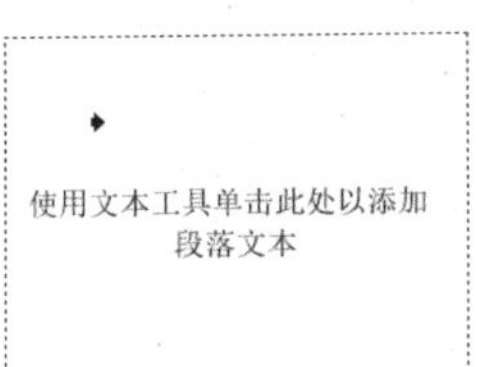

图 2-141　新建另一个新文本框

在画册的排版设计与制作过程中，图形、色彩、文字是最基本的三大要素。文字能直观地反映，各种信息是其他要素不能代替的。今天我们学习通过CorelDRAW X6软件的文本的处理方法与工具，使用其进行

专业强大的文字处理和编排复杂版式的强大功能，可以制作出美观大方的文字。

图 2-142　设置多文本框的链接

经过链接的文本框被关联在一起，当其中一个文本框中的内容增加的时候，多出的内容会自动移至下一个文本框中。删除建立链接关系的文本框，被删除的文本框中的内容自动移动到与之链接的下一个文本框中。

（3）美术字文本与段落文本的转换。

美术字文本与段落文本之间可以相互转换，只需要使用选择工具选中需要转换的美术字文本，执行【文本】→【转换为段落文本】命令即可。

（4）文本转换为曲线。

选中文本，执行【排列】→【转换为曲线】命令，快捷键为【Ctrl+Q】，即可将文本转换为曲线。文本转换为曲线后，可以在原有的基础上进行创意性的编辑，如设计文字标志，效果如图 2-143 所示。转换为曲线后的文字不再具有文本的属性。

图 2-143　文本转换为曲线后创意编辑

（二）文本格式化

1. 美术字文本格式化

（1）设置字体颜色。

选中文本后，可使用工具箱中的填充工具对文字进行颜色的填充。如图 2-144 所示。

（2）调整字符间距。

使用【形状工具】 单击美术字文本，使美术字文本处于选取状态，如图 2-145 所示。用鼠标向右或

向左拖动水平间距箭头，即可调整字符间距。

使用形状工具单击字符左下角的正方形控制点，文字属性栏如图 2-146 所示。

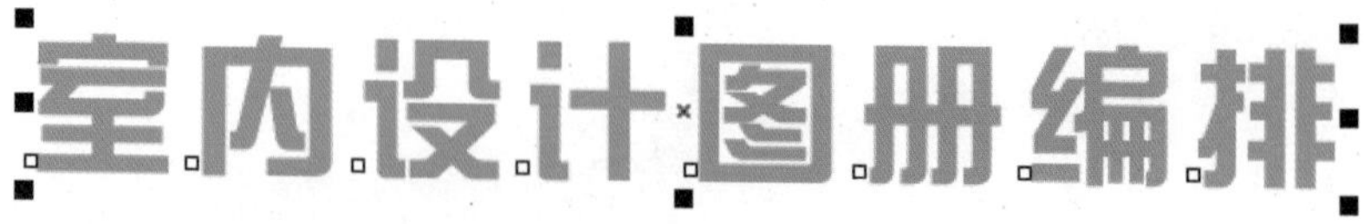

图 2-144 填充文字颜色

图 2-145 使用形状工具选择文本

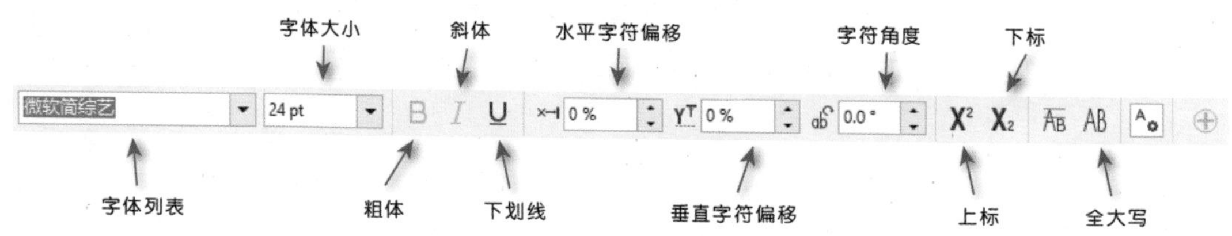

图 2-146 文字属性栏

在属性栏的“水平字符偏移”输入框中输入数值，可使选定的字符水平偏移；在“垂直字符偏移”输入框中输入数值，可使字符垂直偏移；在“字符角度”输入框中输入数值，可使字符按指定的角度进行旋转。除此之外，还可以通过拖动控制点，调整字符的位置，也可单独选择某个控制点，来调整个别文字的字体颜色与大小，效果如图 2-147 所示。

美术字文本的格式化还可以通过【文本】→【字符格式化】命令，在打开的“字符格式化”泊坞窗中进行设置。选中美术字文本后，执行【排列】→【拆分美术字】命令，可将美术字拆分，拆分后的文字可自由编辑。

图 2-147 设置美术字效果

2. 段落文本格式化

（1）设置字体颜色与大小。

与美术字文本一样，选中文本框，使用默认调色板或填充工具可填充段落文本，在属性栏中设置文体大小可调整段落文本的大小。如图 2-148 所示。

（2）调整字符间距。

选择段落文本对象，执行菜单栏中【文本】→【文本属性】命令，快捷键为【Ctrl +T】，如图 2-149 所示，即可打开【文本属性】泊坞窗。在泊坞窗中选择【段落】 命令，在其中可设置“对齐”“缩进量”和“间距”等数值，【文本属性】泊坞窗如图 2-150 所示。

图 2-148 设置段落文本的颜色与大小

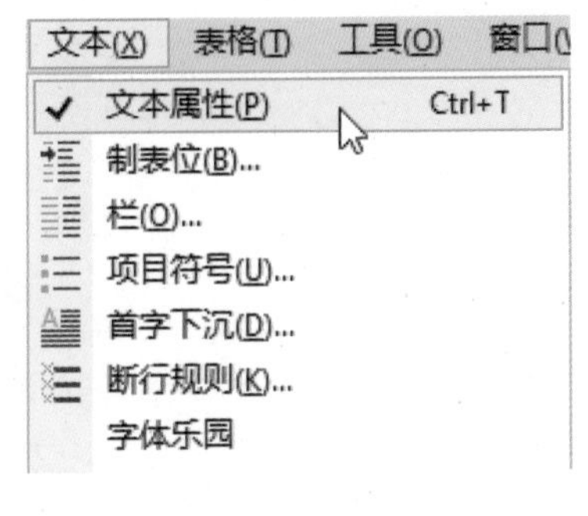

图 2-149 【文本属性】命令

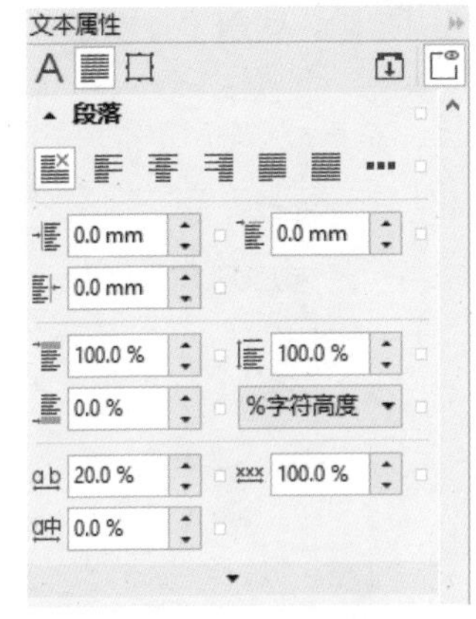

图 2-150 【文本属性】泊坞窗

除此之外，还可以使用【形状工具】调整段落文本的字间距与行间距。如图 2-151 所示。

（3）设置首字下沉和添加项目符号。

设置首字下沉：选中段落文本框，执行【文本】→【首字下沉】命令，或者单击属性栏的【首字下沉】按钮，打开【首字下沉】对话框，从中勾选“使用首字下沉”复选框，设置相应的选项。如图 2-152 所示。设置下沉行数为 3 的段落效果如图 2-153 所示。

在画册的排版设计与制作过程中，图形、色彩、文字是最基本的三大要素。文字能直观地反映，各种信息是其他要素不能代替的。今天我们学习通过CorelDRAW X6软件的文本的处理方法与工具，使用其进行专业强大的文字处理和编排复杂版式的强大功能，可以制作出美观大方的文字。

图 2-151 使用【形状工具】调整字间距与行间距

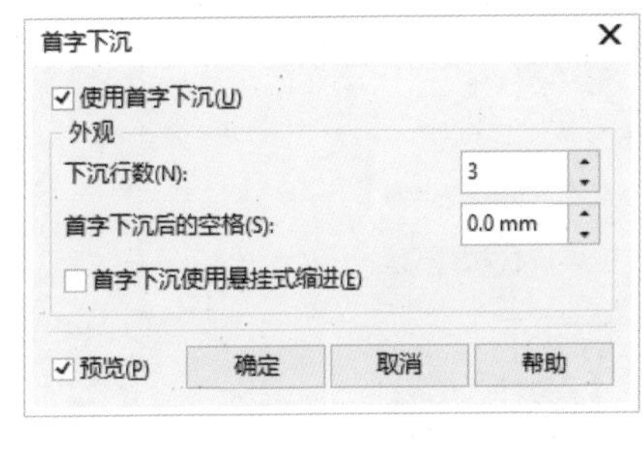

图 2-152 【首字下沉】对话框

添加项目符号：选中段落文本后，执行【文本】→【项目符号】命令，或者单击属性栏的【项目符号】按钮，打开【项目符号】对话框，如图 2-154 所示。从中勾选“使用项目符号”复选框，可进行相应的设置。添加项目符号的段落文本如图 2-155 所示。

在画册的排版设计与制作过程中，图形、色彩、文字是最基本的三大要素。文字能直观地反映，各种信息是其他要素不能代替的。今天我们学习通过CorelDRAW X6软件的文本的处理方法与工具，使用其进行专业强大的文字处理和编排复杂版式的强大功能，可以制作出美观大方的文字。

图 2-153 首字下沉效果

（三）围绕图形排列文本

文体与图形的搭配能更好地说明主题，凸显文字的活力。为了使版面更加美观，有时需要将文本环绕图形，使文字看起来更加紧凑、舒适。

选中导入的图像，将图像移动到段落文本中，在属性栏中单击【文本换行】按钮，弹出【文本换行】下拉属性面板，如图 2-156 所示，从中可进行换行属性设置，如图 2-157 所示。

选中图像，使用【形状工具】调节图像边缘的蓝色边框线或节点，可使文字环绕得更加紧密。如图 2-158 所示。

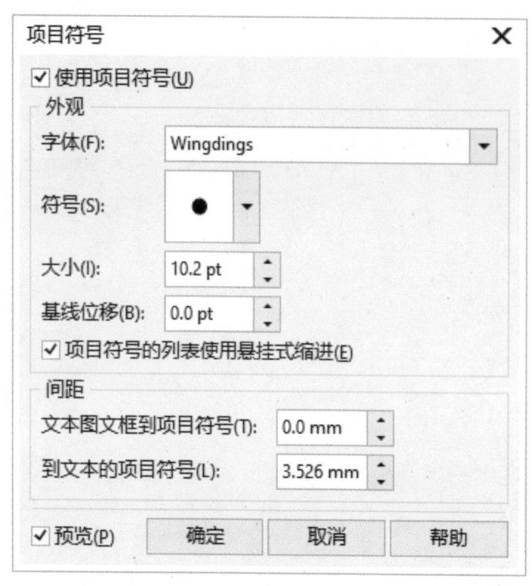

图 2-154 【项目符号】对话框

• 在画册的排版设计与制作过程中，图形、色彩、文字是最基本的三大要素。
• 文字能直观地反映，各种信息是其他要素不能代替的。
• 今天我们学习通过 CorelDRAW X6软件的文本的处理方法与工具，使用其进行专业強大的文字处理和编排复杂版式的強大

图 2-155 使用项目符号效果

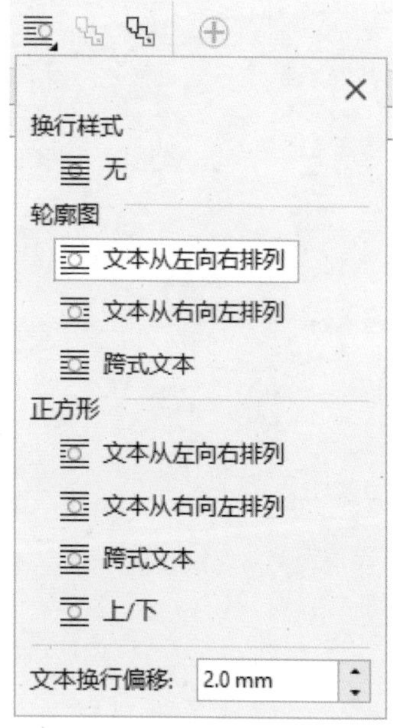

图 2-156 【文本换行】下拉属性面板

图 2-157 图像文本换行效果

图 2-158 使用【形状工具】调节图像节点

（四）更改文本的大小写

文档中有字母出现时，为了使字母统一，版面美观，可通过“更改大小写”命令进行统一设置。

执行【文本】→【更改大小写】命令，快捷键为【Shift +F3】，打开【更改大小写】对话框，如图 2-159 所示。从中选择相应的选项，设置段落全部大写效果，如图 2-160 所示。

（五）路径文本

1. 沿路径排列文本

利用【使文本适合路径】功能，可以将美术字文本沿路径排列，操作方法如下：

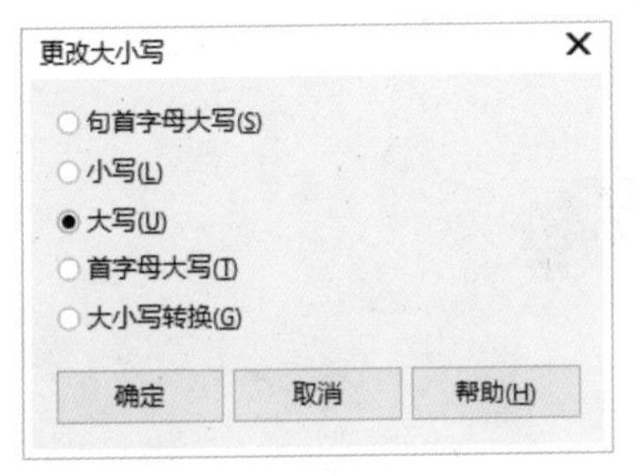

图 2-159 【更改大小写】对话框

Proin a consectetur enim. Quisque lacus arcu, vestibulum vitae vestibulum sed, bibendum ut diam. Proin eget bibendum metus, quis auctor odio. Pellentesque est erat, pharetra accumsan fermentum id, egestas sed magna. Vivamus tempor mauris vulputate pharetra pretium. In justo sem, efficitur quis hendrerit a, scelerisque sed felis. Sed facilisis porttitor orci vel vulputate. Donec nec dolor at dolor suscipit rhoncus non sit amet mi. Nunc eu est erat. Suspendisse potenti. Phasellus sodales vel lorem a fringilla. Cras malesuada felis ex. Phasellus faucibus lectus in nisi lacinia, eu fermentum lorem gravida.

PROIN A CONSECTETUR ENIM. QUISQUE LACUS ARCU, VESTIBULUM VITAE VESTIBULUM SED, BIBENDUM UT DIAM. PROIN EGET BIBENDUM METUS, QUIS AUCTOR ODIO. PELLENTESQUE EST ERAT, PHARETRA ACCUMSAN FERMENTUM ID, EGESTAS SED MAGNA. VIVAMUS TEMPOR MAURIS VULPUTATE PHARETRA PRETIUM. IN JUSTO SEM, EFFICITUR QUIS HENDRERIT A, SCELERISQUE SED FELIS. SED FACILISIS PORTTITOR ORCI VEL VULPUTATE. DONEC NEC DOLOR AT DOLOR SUSCIPIT RHONCUS NON SIT AMET MI. NUNC EU EST ERAT. SUSPENDISSE POTENTI. PHASELLUS SODALES VEL LOREM A FRINGILLA. CRAS MALESUADA FELIS EX. PHASELLUS FAUCIBUS LECTUS IN NISI LACINIA, EU FERMENTUM LOREM GRAVIDA.

图 2-160 段落文本更改大写效果

（1）绘制一条曲线路径，使用文本工具输入美术字文本，选中文字。如图 2-161 所示。

（2）执行【文本】→【使文本适合路径】命令，将鼠标移至曲线上，会产生文字沿路径排列效果，如图 2-162 所示。移动鼠标到合适位置后单击即可设置文字沿路径排列效果，如图 2-163 所示。

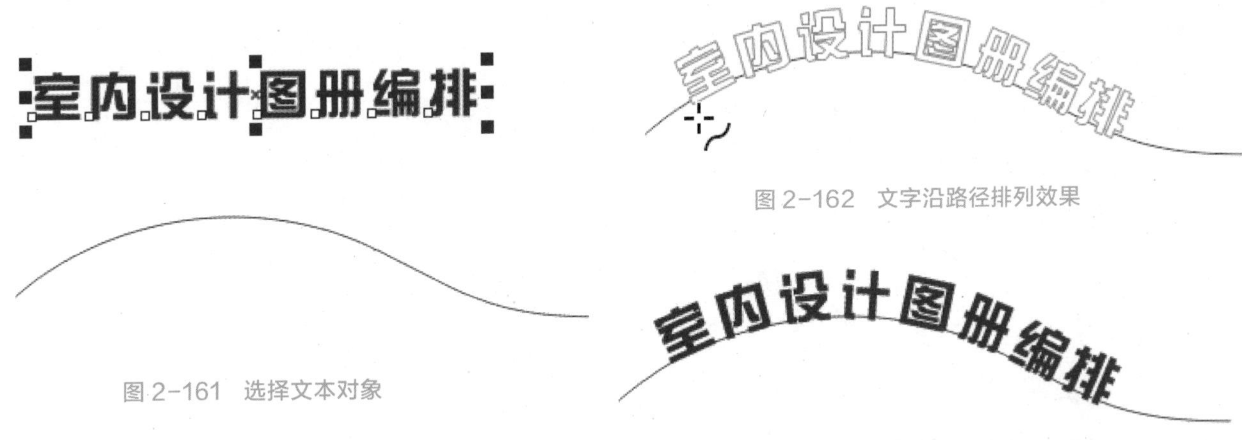

图 2-161 选择文本对象

图 2-162 文字沿路径排列效果

图 2-163 设置文字沿路径排列效果

（3）如果要设置更多的效果，可以通过改变属性栏的相应选项来实现。选中路径文字后，属性栏如图 2-164 所示。

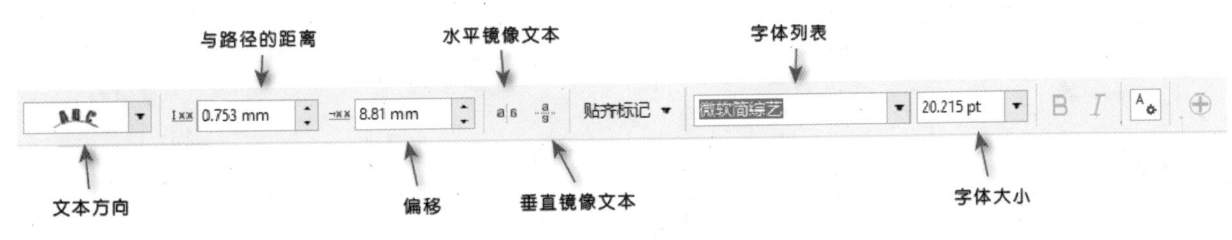

图 2-164 属性栏

属性栏中各选项的含义如下。

文本方向：此列表中预设了一些文本在路径上排列的方向，用户可以自由选择。改变文字方向后的效果如图 2-165 所示。

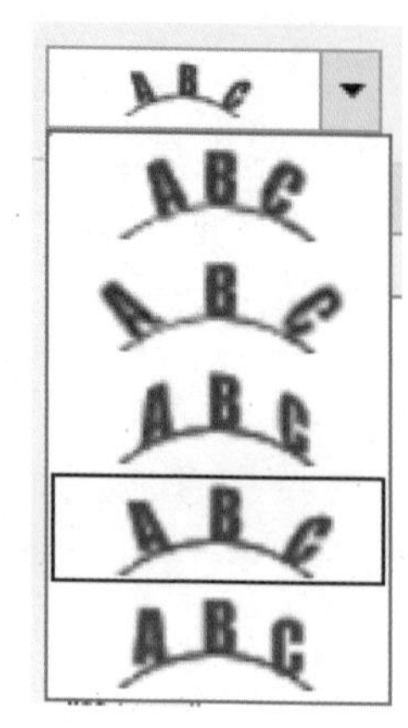

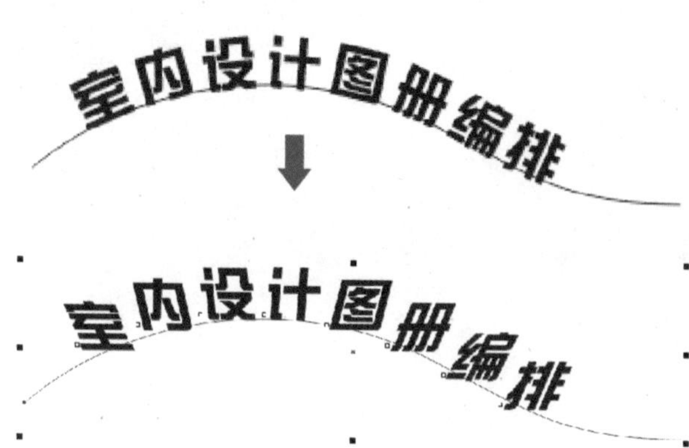

图 2-165　设置文本方向

与路径的距离：用于设置文本沿路径排列后文字与路径之间的距离。设置与路径的距离值为 10.0mm 的效果如图 2-166 所示。

偏移：用于设置文本起始点的偏移数。设置偏移值为 31.0mm 的效果如图 2-167 所示。

镜像文本：用于将路径上的文本进行水平或垂直镜像处理。镜像文本效果如图 2-168 所示。

字符格式化：用于对字符进行格式化处理。单击此按钮打开“字符格式化”泊坞窗，可从中格式化处理字符。

2. 使文本与路径分离

创建沿路径排列的文本后，如果路径的存在影响到文字效果，可执行【对象】→【拆分在一路径上的文本】命令，将路径与文本分离，移开并删除路径。如图 2-169 所示。

图 2-166　设置与路径的距离值

室内设计图册编排

图 2-167　设置偏移值

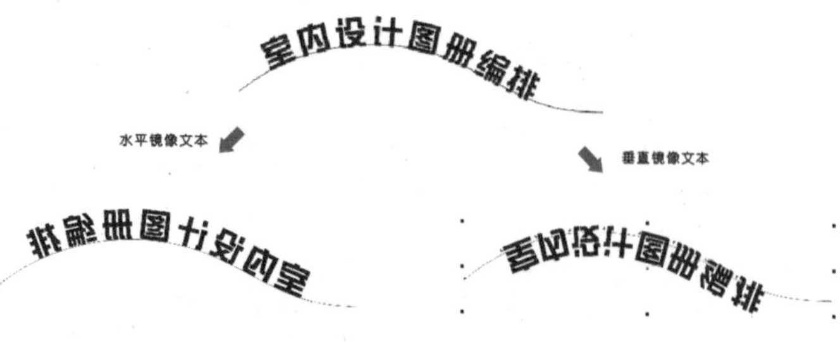

图 2-168　镜像文本

图 2-169　将文本与路径分离

用户也可以使用鼠标右键单击默认调色板上方的 ☒ 按钮，将路径隐藏。如图 2-170 所示。

（六）图形文本

1. 将文本置于图形内部

图 2-170　隐藏路径

在 CorelDRAW 中，可以将文本放入图形对象中，即内置文本。

方法一：绘制一个封闭的图形，选择工具箱中的文本工具，将鼠标光标移至图形对象上，单击鼠标左键，此时图形对象内会产生一个虚线文本框，在文本框中即可输入文本。如图 2-171 所示。

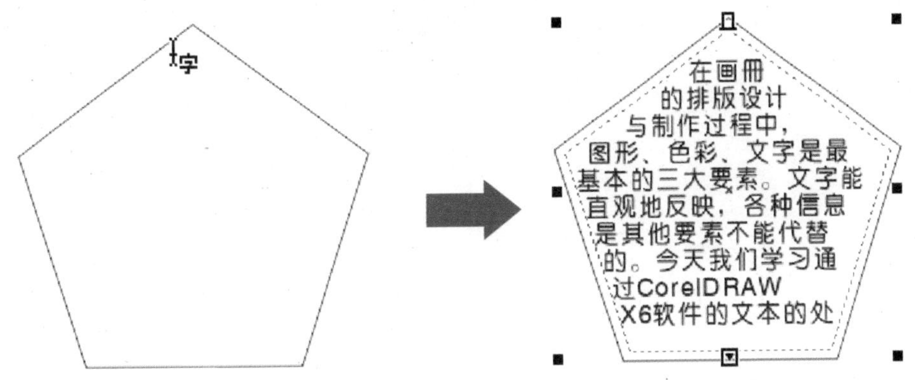

图 2-171　在文本框内输入文字

方法二：选择要内置的文本，使用鼠标右键将文本拖到图形对象内部，此时光标变为带有十字形的圆环。如图 2-172 所示。

释放鼠标后，将弹出快捷菜单，从中选择“内置文本”命令，即可将文本置入图形对象中。如图 2-173 所示。

图 2-172　将文本拖到图形对象内部

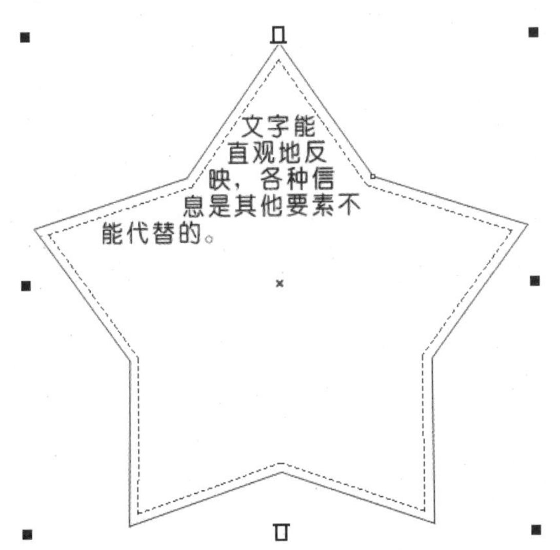

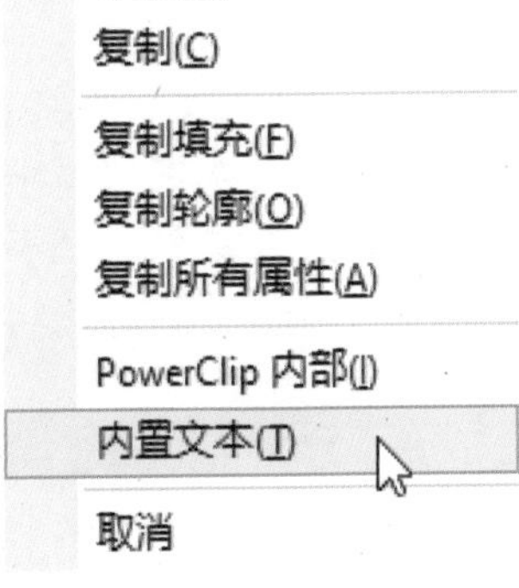

图 2-173　将文本置入图形对象

2. 使文本与图形分类

文本放于图形内部后，文字与图形形成了一个整体，即文字将会随着图形一起移动。如果用户对包装文字的图形不够满意，可执行【对象】→【拆分路径内的段落文字】命令，将图形与文字分离，文本的边缘会出现和图形一样的虚线框，此虚线框只用于编辑显示，印刷时不再显示。然后挑选满意的图形，执行“内置文本”命令，将文本放入图形对象中。如图 2-174 所示。

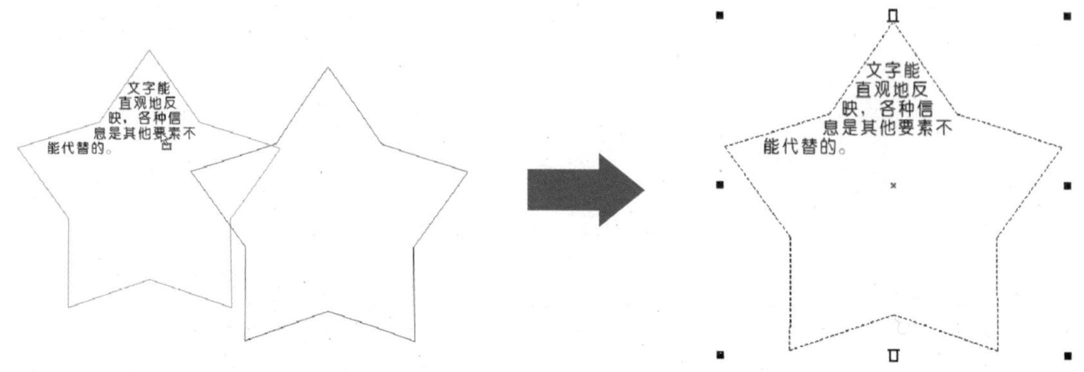

图 2-174 使文本和图形分类

（七）插入特殊字符

CorelDRAW 2017 提供了多种特殊字符，用户可以根据需要将字符作为图形添加到作品中。

执行【文本】→【插入字符】命令，快捷键为【Ctrl +F11】，打开【插入字符】泊坞窗。如图 2-175 所示。

在【字体】泊坞窗列表中选择特殊字符所在的字体，然后在显示的字符列表中选择字符，单击【复制】按钮或直接字符拖到绘制页面中，释放鼠标后，字符即可添加到绘制页面中。

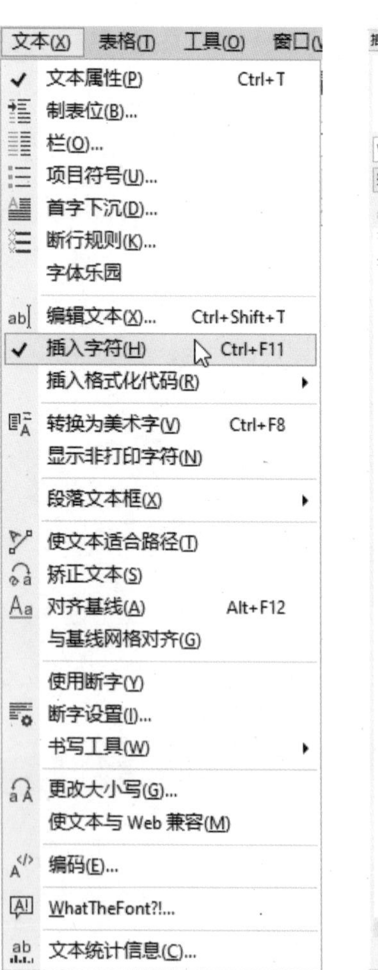

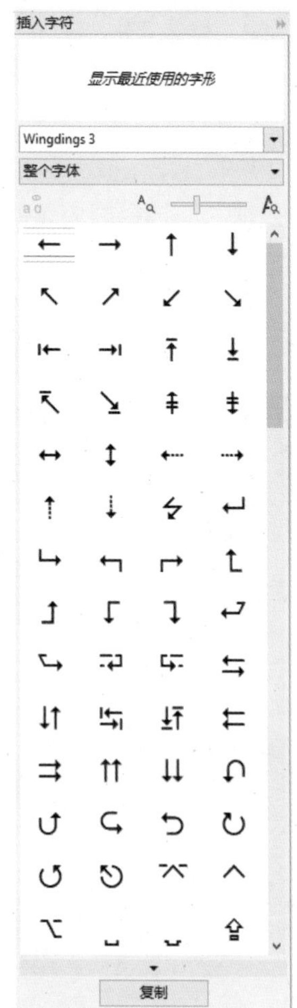

图 2-175 打开【插入字符】泊坞窗

三、学习任务小结

本次任务主要学习了文字工具在不同文本需求下的使用方法，同学们应学会美术字文本、段落文本、路径文本、图形文本等多种文本文字的操作技法。课后，同学们要对这些命令进行反复练习，掌握其最便捷的绘制方式，做到熟能生巧，提高绘图的效率。

四、课后作业

（1）独立完成课程中所有文本的处理的示范操作。

（2）通过应用本节课所学工具，临摹图 2-176。

图 2-176　插画练习

交互式工具的使用

教学目标

（1）专业能力：了解交互式工具的使用方法，掌握图形的调和、变形、添加轮廓图、立体化、阴影、透明等多种交互式效果的操作技法。

（2）社会能力：具备自我学习能力和语言表达能力。

（3）方法能力：资料收集能力、软件操作能力。

学习目标

（1）知识目标：掌握调和、变形、添加轮廓图、立体化、阴影、透明等命令的调用方式、绘制方法和绘制技巧。

（2）技能目标：能进行调和、变形、添加轮廓图、立体化、阴影、透明等命令的技能实训。

（3）素质目标：培养一丝不苟、细致观察、自主学习的能力。

教学建议

1. 教师活动

（1）备自己：要热爱学生、知识丰富、技能精湛、难易适当，加强实用性。

（2）备学生：做教案课件、图形成果、分解步骤、实例示范，加强针对性。

（3）备课堂：要讲解清晰、重点突出、难点突破、因材施教，加强层次性。

（4）备专业：掌握软件使用或版式设计专业的要求，教授知识与传授技能为专业服务。

2. 学生活动

（1）课前活动：看书、看课件、看视频、记录问题，重视预习。

（2）课堂活动：听讲、看课件、看视频、解决问题，反复实践。

（3）课后活动：总结、做笔记、写步骤、举一反三，螺旋上升。

（4）专业活动：加强软件功能的学习与版式设计在室内设计专业中的技能实训。

一、学习问题导入

CorelDRAW2017 为用户提供了各式各样的交互式工具，可以对绘制的图形进行调和、变形、添加轮廓图、立体化、阴影、透明等处理，进而创作出满足不同要求的图形作品。

二、学习任务讲解

（一）调和工具

调和工具可以使两个分离的对象之间逐步产生形状颜色的平滑变化。在进行调和时，对象的外形、排列次序、填充方式、调和方向、控制点位置和调和步数等都会直接影响调和结果。

1. 创建调和效果

单击工具箱中的【调和工具】按钮，将鼠标移至要调和的对象上，按住鼠标左键拖动至另一个对象，松开鼠标即可得到调和效果。如图 2-177 所示。

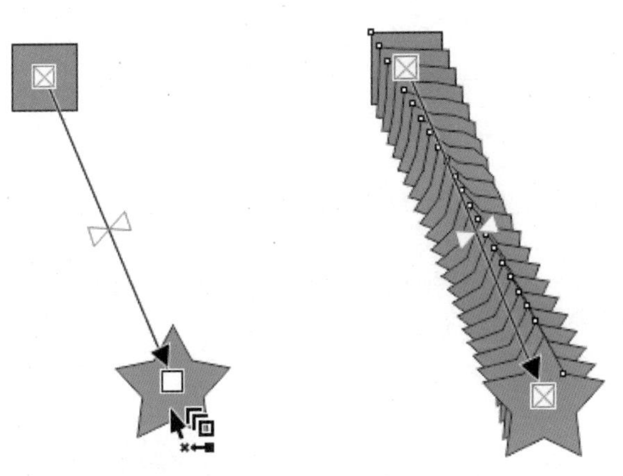

图 2-177　创建调和效果

2. 设置调和属性

创建调和后，属性栏如图 2-178 所示。

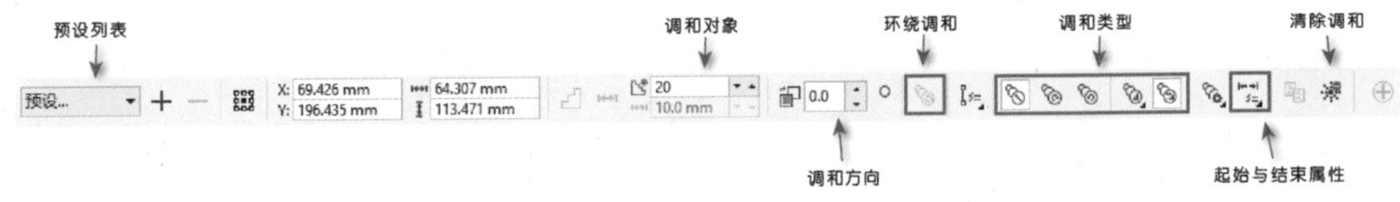

图 2-178　调和工具属性栏

调和工具属性栏中各选项含义如下。

预设列表：此列表中预设了一些调和样式，用户可从中选择需要的调和效果。如图 2-179 所示。

调和对象：用于设置调和效果中的调和步数或对象之间的偏移距离。调和对象的步数为 5 步的调和效果如图 2-180 所示。

调和方向：用于设置调和对象的旋转角度。调和方向为 135° 的调和效果如图 2-181 所示。

环绕调和：当调和方向的值不为零时，将激活【环绕调和】按钮。单击此按钮。调和的中间对象除了自身旋转外，同时将以起始对象和终点对象的中间位置为旋转中心做旋转分布，形成一种弧形旋转调和效果。调和方向为 200° 的环绕调和效果如图 2-182 所示。

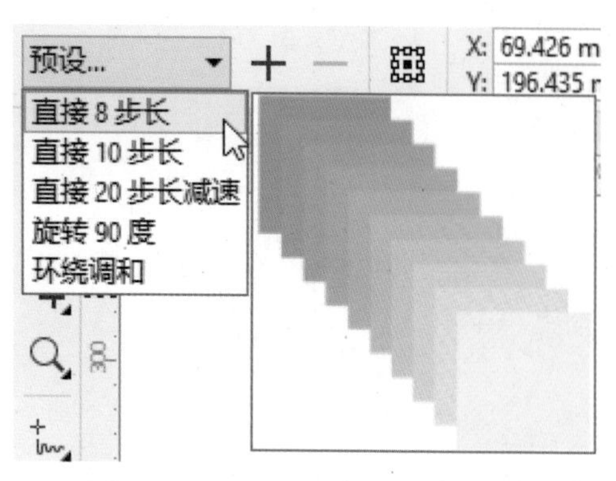

图 2-179　预设列表

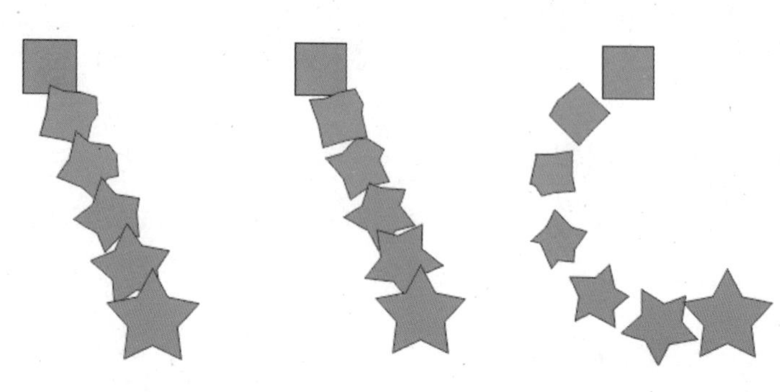

图 2-180　调和对象的步数调和效果　图 2-181　调和对象的方向调和效果　图 2-182　环绕调和效果

调和类型：调和类型分为【直接调和】、【顺时针调和】、【逆时针调和】三类。通过选择不同的调和类型，可改变光谱色彩的变化。三类调和的颜色过渡效果如图 2-183 所示。

起始和结束属性：选择调和开始和结束对象。

路径属性：将调和移动到新路径、显示路径或将调和从路径中脱离出来。

清除调和：单击此按钮可清除设置的调和效果。

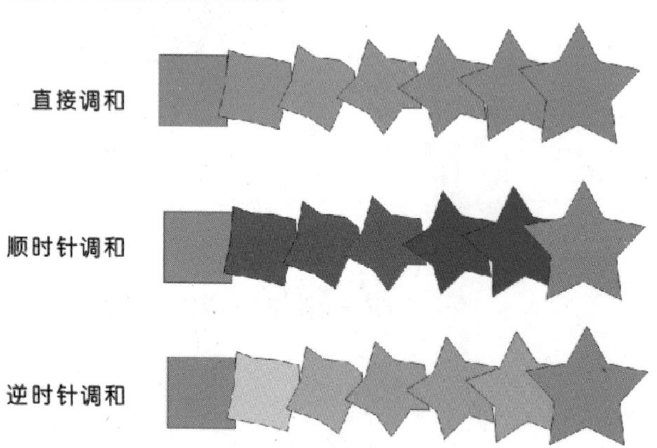

图 2-183　三种调和的颜色过渡效果

3. 沿路径调和

在创建好调和效果后，可以使用调和属性栏中的【路径属性】选项使调和对象按照指定的路径进行调和。

方法如下：使用贝塞尔工具绘制出一条曲线，选中调和对象，单击调和属性栏中的【路径属性】按钮，如图 2-184 所示。在弹出的下拉菜单中选择【新路径】命令，此时鼠标变为状，然后单击曲线路径，即可使调和的对象沿路径进行调和。如图 2-185 所示。

选择调和对象，执行【对象】→【顺序】→【逆序】命令，可使调和的开始对象与结束对象进行逆序排列，效果如图 2-186 所示。

使用选择工具选中调和的开始对象或结束对象，按住鼠标左键拖动，可改变所在路径的位置。如图 2-187 所示。

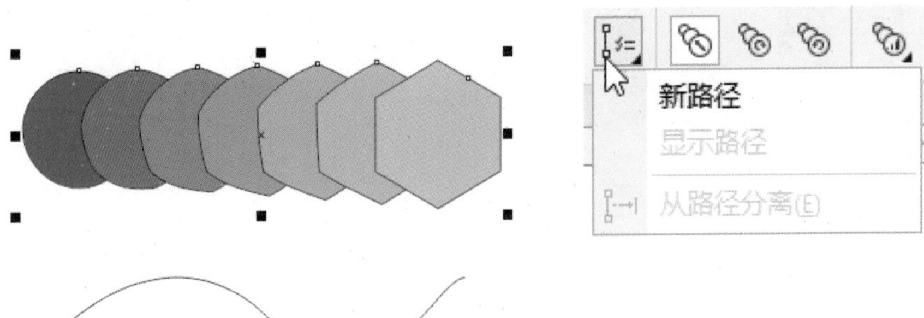

图 2-184　选中对象执行【新路径】命令

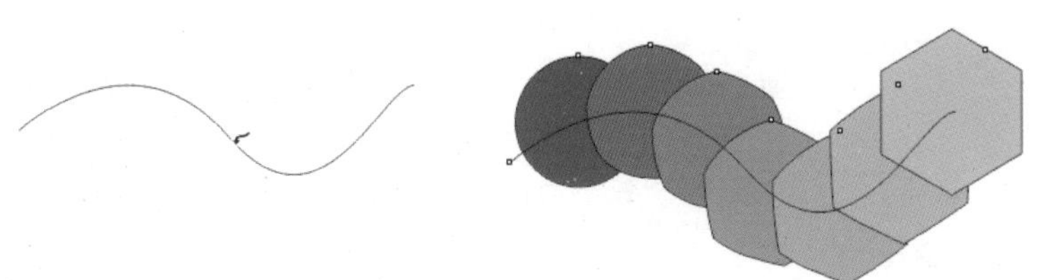

图 2-185　沿路径调和对象

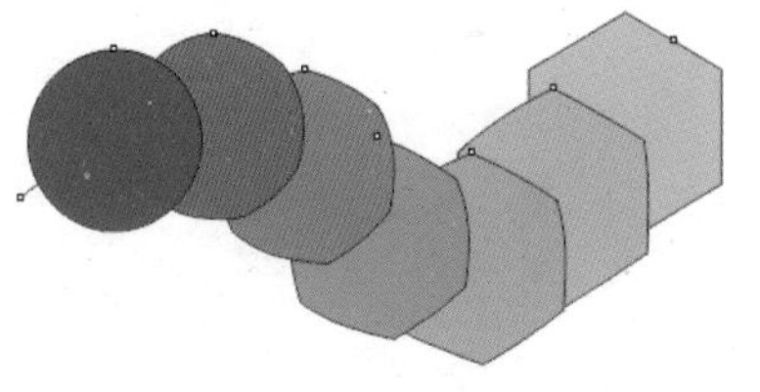

图 2-186　逆序排列调和对象

选中调和的曲线路径，使用鼠标右键单击默认调色板上方的 ☒ 按钮，将隐藏路径，使调和效果更加自然、美观。

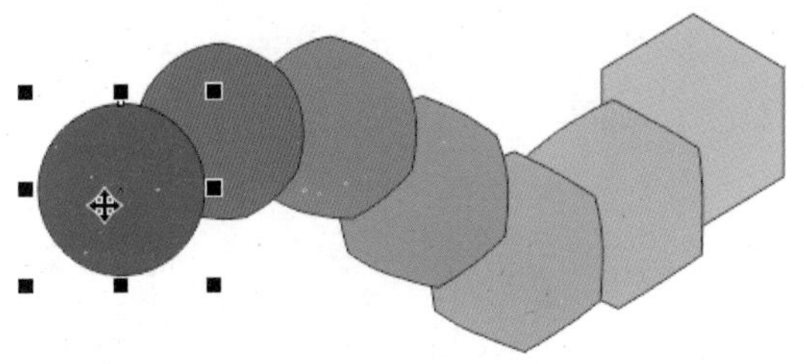

图 2-187　改变调和对象在路径上的位置

4. 拆分调和图形

选中调和对象，执行【对象】→【拆分调和群组】命令，快捷键为【Ctrl+K】，可将调和对象中的开始与结束对象分离出来，如图 2-188 所示。开始与结束对象之间的对象以群组的形式组合在一起，若要完全拆分，可按快捷键【Ctrl+U】取消群组，如图 2-189 所示。

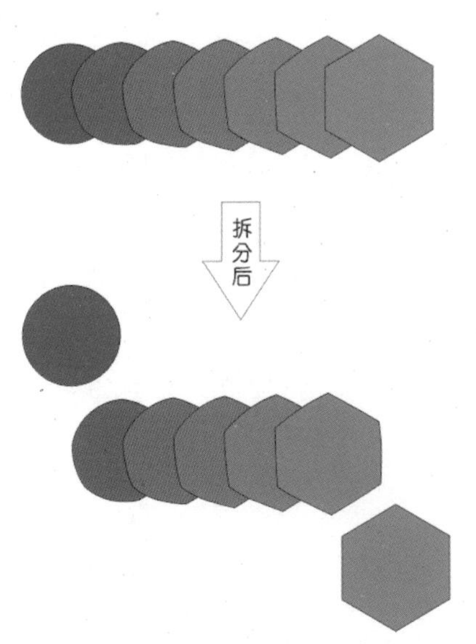

图 2-188　拆分调和对象

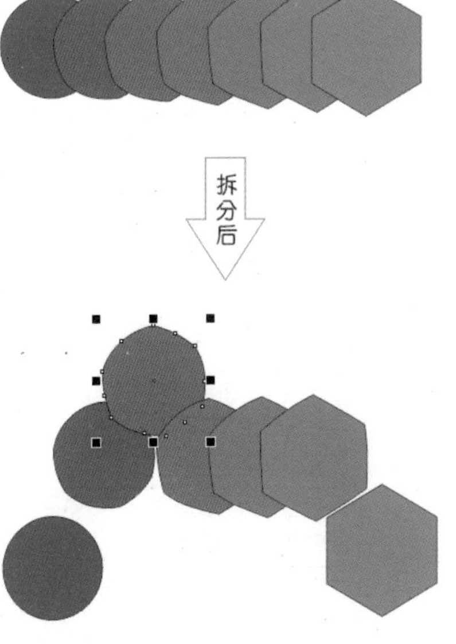

图 2-189　完全拆分调和对象

（二）立体化工具

立体化工具用来为对象制作 3D 立体效果，利用其属性栏还可以设置立体类型、灭点位置和照明效果。

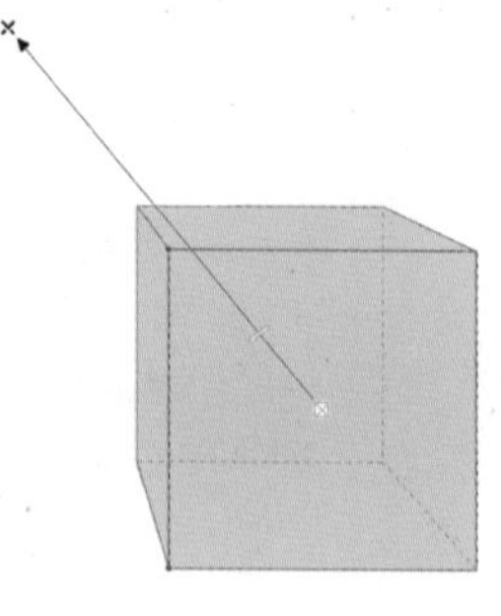
图 2-190　立体化效果

1. 创建立体化效果

单击工具箱中的【立体化工具】按钮，在对象上拖动鼠标，即可创建立体化效果。如图 2-190 所示。

2. 设置立体化属性

创建立体化效果后，属性栏如图 2-191 所示。

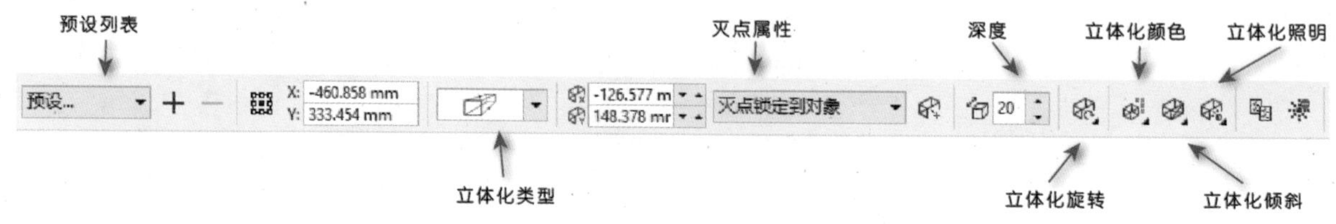

图 2-191　立体化效果属性栏

预设列表：此列表中预设了一些立体化类型，用户可从中选择需要的立体化效果。如图 2-192 所示。

立体化类型：系统提供了 6 种立体化类型供用户选择。单击【立体化类型】选项，展开面板，从中选择立体化类型，如图 2-193 所示。

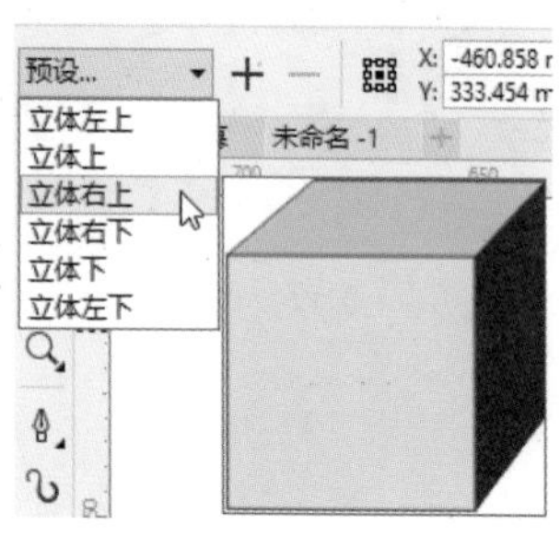

图 2-192　预设列表

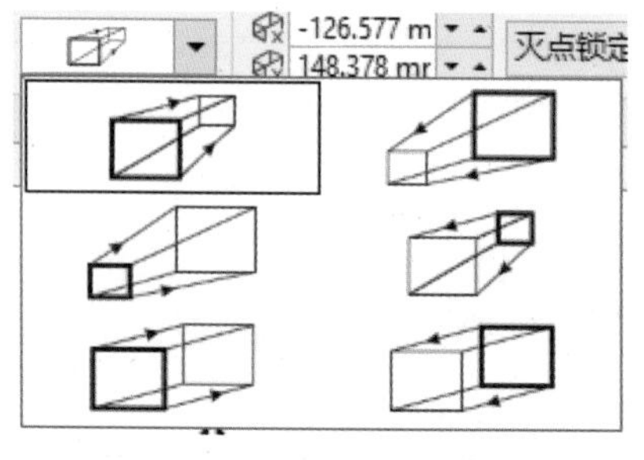

图 2-193　立体化类型

灭点属性：用于更改灭点的锁定位置，复制灭点或在对象间共享灭点。灭点就是立体化、透视时的消失点，是指图形各点延伸线向消失点处延伸的相交点。

单击【灭点属性】选项，打开下拉列表，下拉列表中有“灭点锁定到对象”“灭点锁定到页面”“复制灭点，自…”和“共享灭点”4 个选项可供选择。如图 2-194 所示。

深度：用于调整立体化效果的深度。数值越大，立体化深度越大；数值越小，立体化深度越小。不同深度的立体化效果如图 2-195 所示。

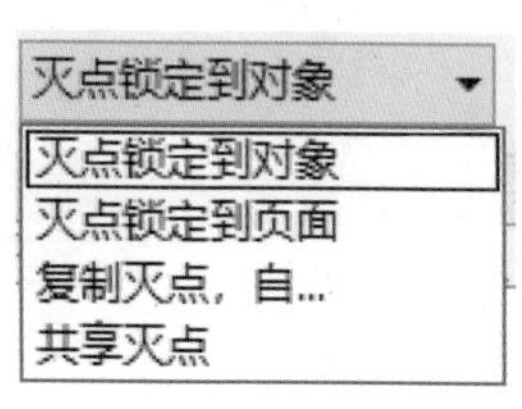

图 2-194　不同灭点属性

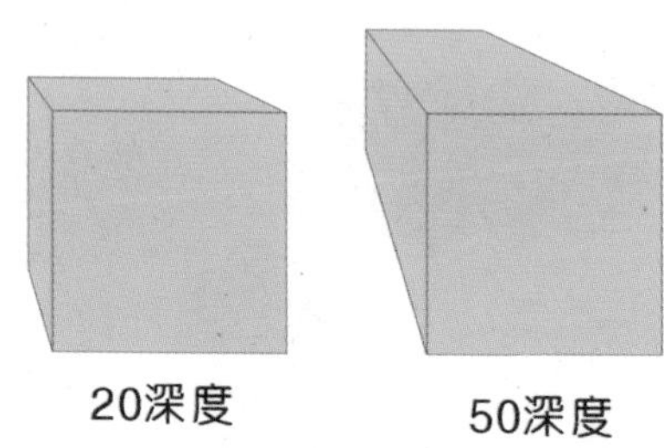

图 2-195　不同深度值的立体化效果

立体化旋转：用于改变立体化效果的角度。单击此按钮弹出立体化旋转设置面板，如图 2-196 所示。在面板中的圆形范围内拖动鼠标可改变立体对象的方向。

立体化颜色：用于设置立体化效果的颜色。单击此按钮弹出立体化颜色面板，面板中提供了 3 种不同颜色填充方式，即使用对象填充，使用纯色填充和使用递减的颜色填充。如图 2-197 所示。

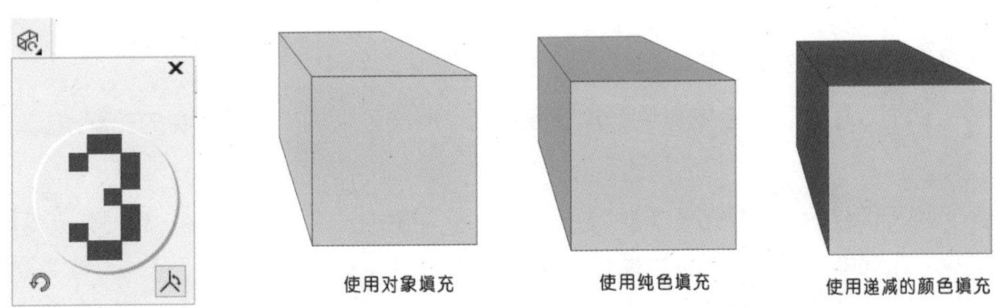

图 2-196　立体化旋转设置面板　　图 2-197　不同填充类型的立体化效果

立体化照明：用于在立体化对象中添加灯光效果。单击此按钮弹出立体化照明面板，从中选择光源，设置光源位置和相应的参数值，效果如图 2-198 所示。

立体化倾斜：用于设置立体化效果的倾斜。单击此按钮弹出立体化倾斜面板。从中勾选“使用倾斜角修饰边”选项，可设置斜角效果。如图 2-199 所示。

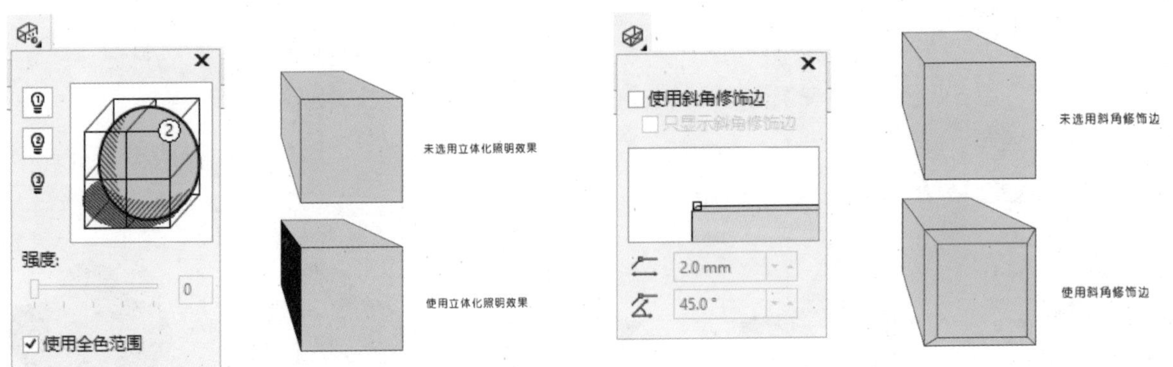

图 2-198　设置立体化照明　　图 2-199　设置立体化倾斜

（三）轮廓图工具

轮廓图工具可以使对象的轮廓向中心、向内或向外增加一系列的同心线圈，从而产生一种放射的层次效果。

1. 创建轮廓图效果

单击工具箱中的【轮廓图工具】按钮，将鼠标移至要创建轮廓图的对象上，按住鼠标左键向外拖动，即可创建出由对象中心向外放射的轮廓图效果。如图 2-200 所示。

图 2-200　轮廓图效果

2. 设置轮廓图属性

创建轮廓图后，属性栏如图 2-201 所示。

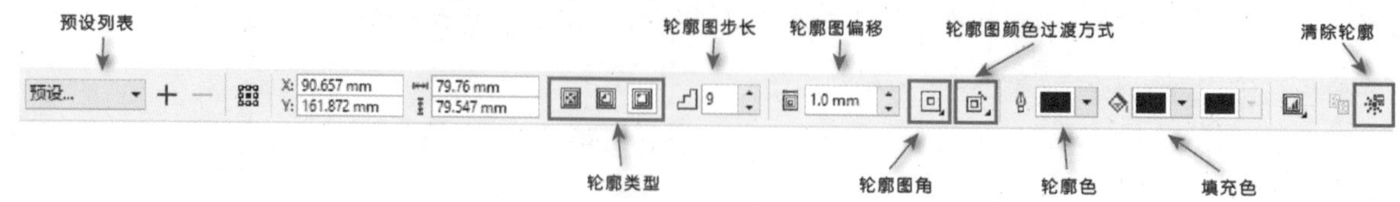

图 2-201　轮廓图工具属性栏

轮廓图工具属性栏中各选项含义如下。

预设列表：此列表中预设了系统提供的轮廓图样式，用户可以从中选择需要的轮廓图样式。如图 2-202 所示。

轮廓类型：用于调整轮廓图放射的轮廓效果，分别为"到中心""内部轮廓"和"外部轮廓"三种类型。三种类型的轮廓效果如图 2-203 所示。

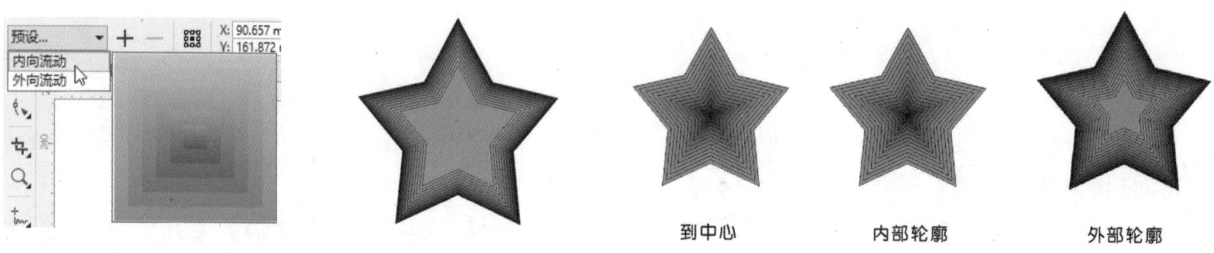

图 2-202　预设效果

图 2-203　三种类型的轮廓效果

轮廓图步长：用于调整对象中轮廓图步长的数量。步长值为 3 的轮廓效果如图 2-204 所示。

轮廓图偏移：用于调整对象中轮廓间的距离。轮廓图偏移为 5 的轮廓效果如图 2-205 所示。

轮廓图角：用于设置轮廓产生过程中边角的过渡方式，分为"斜接角""圆角"和"斜切角"三种。三种轮廓图边角效果如图 2-206 所示。

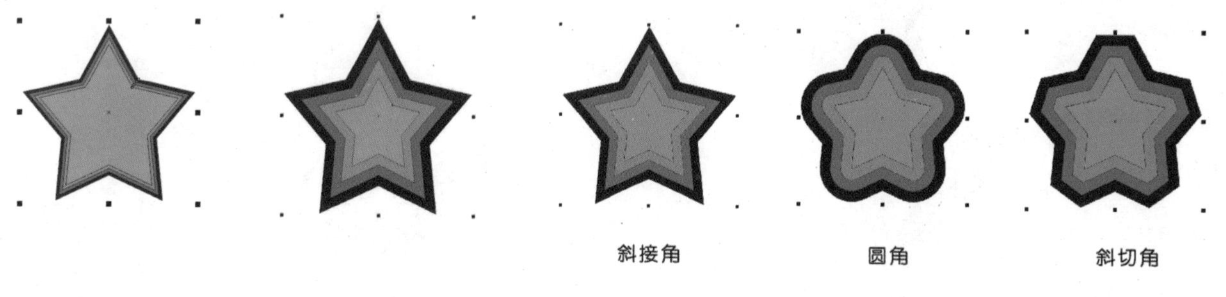

图 2-204　轮廓图步长效果

图 2-205　轮廓图偏移效果

图 2-206　轮廓图边角效果

轮廓图颜色过渡方式：用于设置轮廓产生过程中填充颜色的过渡方式，分为"线性轮廓色""顺时针轮廓色"和"逆时针轮廓色"三种。三种轮廓图颜色过渡方式如图 2-207 所示。

轮廓色：用于设置轮廓效果中最后一圈轮廓线的颜色。轮廓色为黄色的效果如图 2-208 所示。

填充色：用于设置轮廓效果中最后一个轮廓对象的填充颜色。填充色为桃红色的轮廓效果如图 2-209 所示。

清除轮廓：用于清除轮廓效果。

3. 拆分轮廓图对象

选中调和对象，执行【对象】→【拆分轮廓图群组】命令，快捷键为【Ctrl+K】，可将轮廓图对象进行分离，如图 2-210 所示。而添加的轮廓图对象以群组的方式组合在一起，执行【取消群组】操作，快捷键【Ctrl+U】，可再次将对象分离，效果如图 2-211 所示。

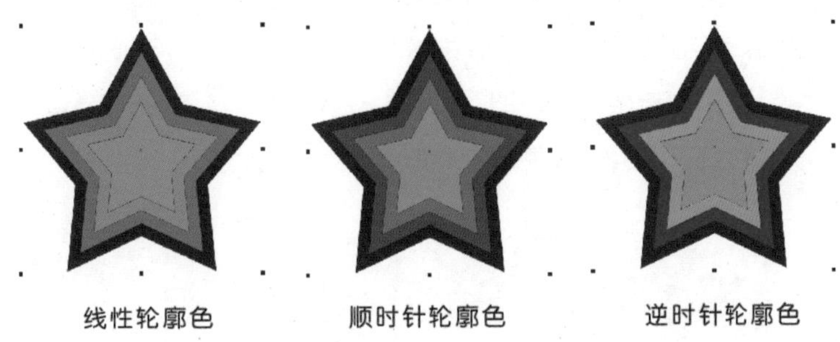

图 2-207　轮廓图颜色过渡方式

图 2-208　黄色轮廓色效果

图 2-209　桃红色轮廓填充效果

图 2-210　拆分轮廓图对象

图 2-211　取消轮廓图对象群组

（四）变形工具

变形工具用于为对象设置变形效果。其属性栏中提供了【推拉变形】、【拉链变形】和【扭曲变形】3 种变形方式。

1. 推拉变形

单击工具箱中的【变形工具】按钮，在属性栏中选择【推拉变形】按钮，将鼠标移至要创建变形效果的对象上，向左拖动至适当位置后松开，即可创建变形效果。如图 2-212 所示。

创建推拉变形效果后，属性栏如图 2-213 所示。

图 2-212　推拉变形效果

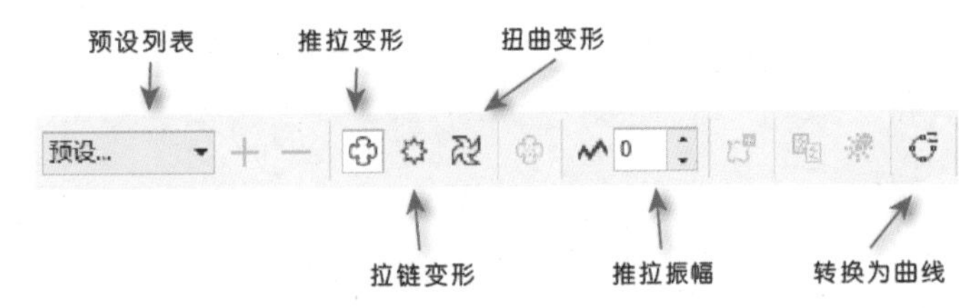

图 2-213　推拉变形属性栏

属性栏的各项含义如下。

预设列表：此列表中预设了系统提供的变形类型，可以从中选择需要的变形类型。

推拉变形：通过向对象的中心或外部推拉，产生不同的推拉变形效果。

拉链变形：使对象产生锯齿状变形效果。

扭曲变形：使对象绕其自设旋转，产生螺旋效果。

推拉振幅：用于调整对象的变形幅度。推拉振幅的取值范围为 -200 ~ 200，输入正值，可向对象外部扩展；输入负值，可向对象内部收缩。不同振幅值的变形效果如图 2-214 所示。

制作变形效果时如果不能确定推拉振幅的数值，可将鼠标指向变形控制线上的控制点进行拖动，调整推拉振幅效果。在控制线上拖动控制点，可调整对象的变形角度，效果如图 2-215 所示。

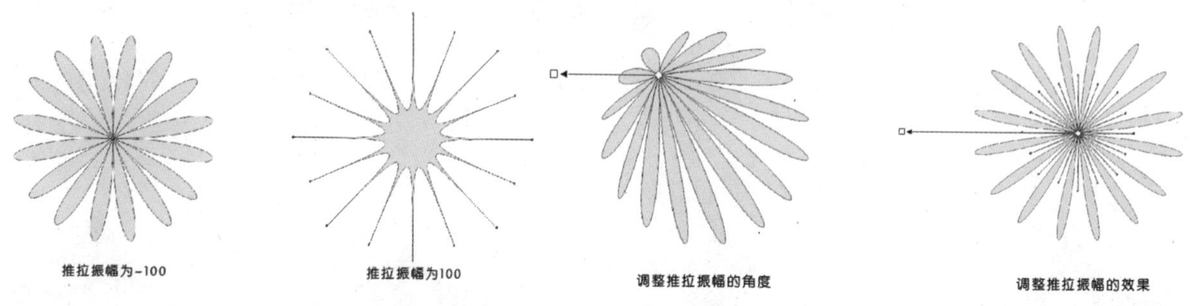

图 2-214　不同的振幅值的变形效果

图 2-215　调整推拉振幅的角度与效果

清除变形：用于清除变形效果。

转换为曲线：用于变形后对象转换为曲线，允许使用【形状工具】修改对象。

2. 拉链变形

单击工具箱中的【变形工具】按钮，在属性栏中选择【拉链变形】按钮，将鼠标移至红色五边形上，按住鼠标左键并拖动，即可产生拉链变形效果。如图 2-216 所示。

此时，拉链变形的属性栏如图 2-217 所示。

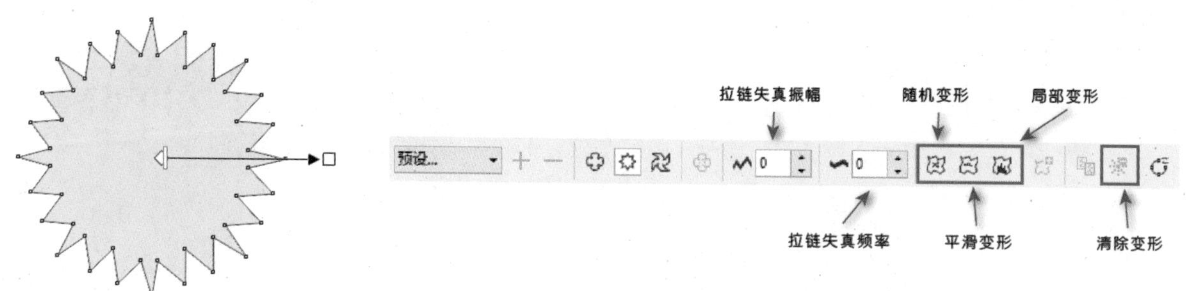

图 2-216　拉链变形效果

图 2-217　拉链变形属性栏

在属性栏“拉链失真振幅”输入框中输入 85，“拉链失真频率”输入框中输入 5，效果如图 2-218 所示。

单击属性栏中的【随机变形】按钮，可产生随机变形效果，如图 2-219 所示。

单击属性栏中的【平滑变形】按钮，可使变形对象的角度变为平滑。如图 2-220 所示。

单击属性栏中的【局部变形】按钮，可使对象的一部分产生变形效果。如图 2-221 所示。

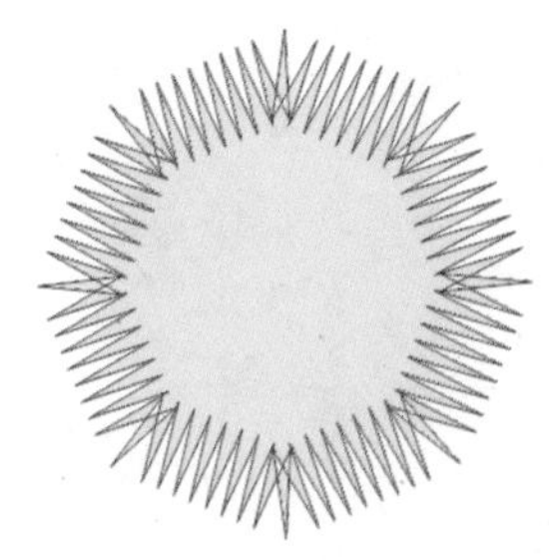

图 2-218 设置拉链失真振幅与频率效果

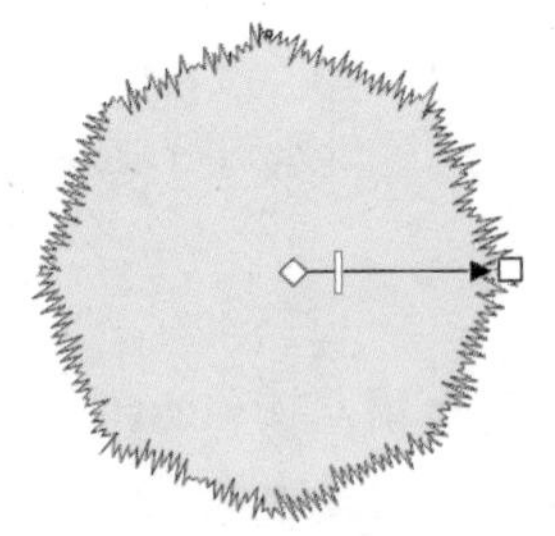

图 2-219 随机变形效果

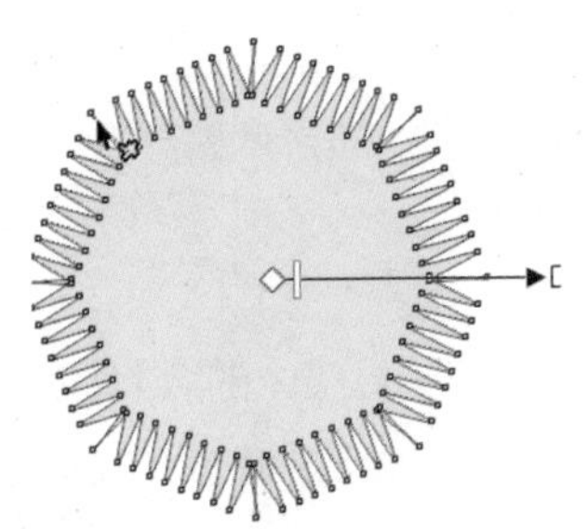

图 2-220 平滑变形效果

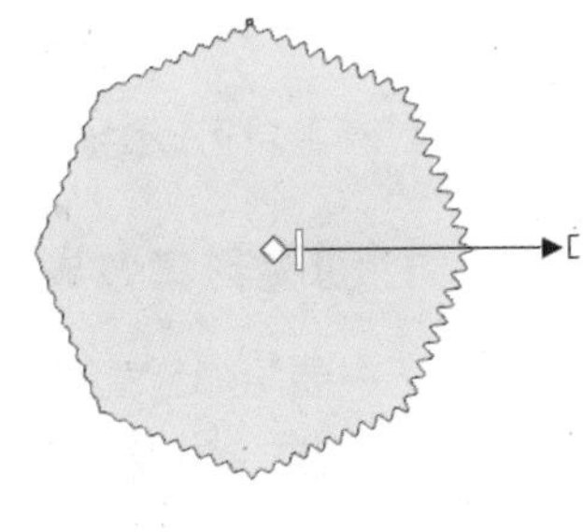

图 2-221 局部变形效果

3. 扭曲变形

单击工具箱中的【变形工具】按钮，在属性栏中选择【扭曲变形】按钮，将鼠标移至红色五边形上，按住鼠标左键以顺时针或逆时针的方向移动鼠标，即可产生扭曲变形效果。如图 2-222 所示。

扭曲变形效果的属性栏如图 2-223 所示。

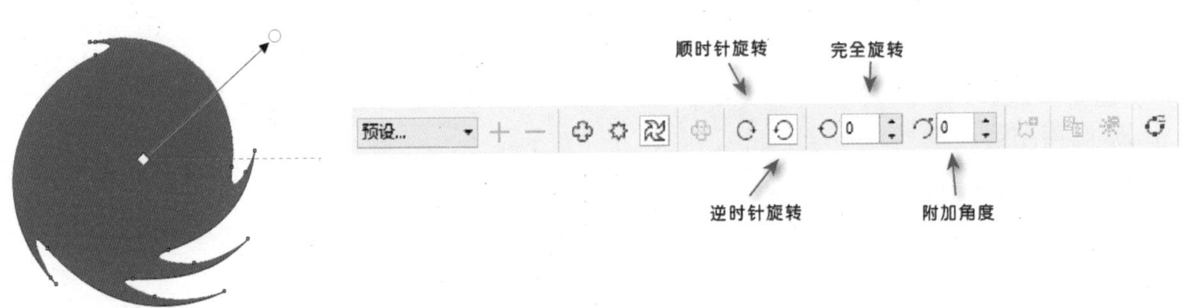

图 2-222 扭曲变形效果

图 2-223 扭曲变形效果属性栏

单击属性栏中的“顺时针旋转”或“逆时针旋转”按钮，可产生不同方向的扭曲变形效果。如图 2-224 所示。

在属性栏的“完全旋转”输入框中输入数值，可设置扭曲对象旋转的圈数。设置完全旋转为 3 的扭曲变形效果如图 2-225 所示。

在属性栏的“附加角度”输入框中输入数值，可设置变形对象在原有旋转基础上旋转的角度。设置附加角度为 100 的扭曲变形效果如图 2-226 所示。

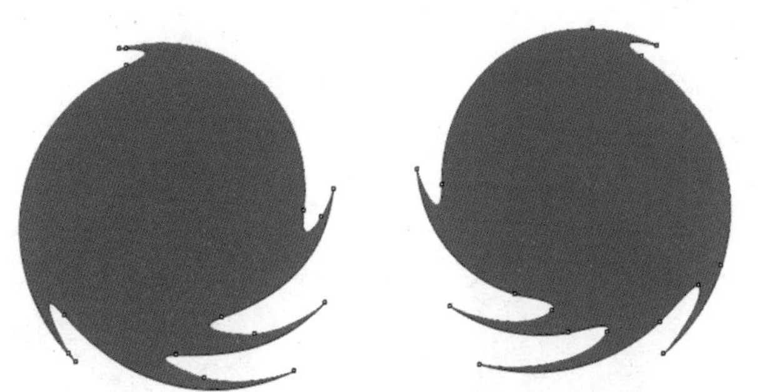

图 2-224 “顺时针旋转”与“逆时针旋转”扭曲效果

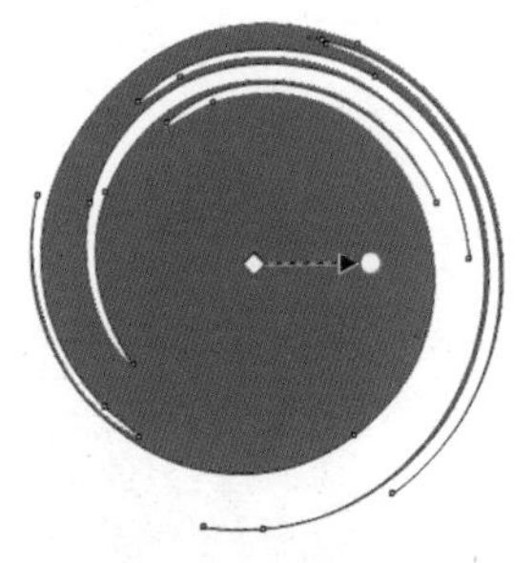

图 2-225 设置完全旋转扭曲变形效果

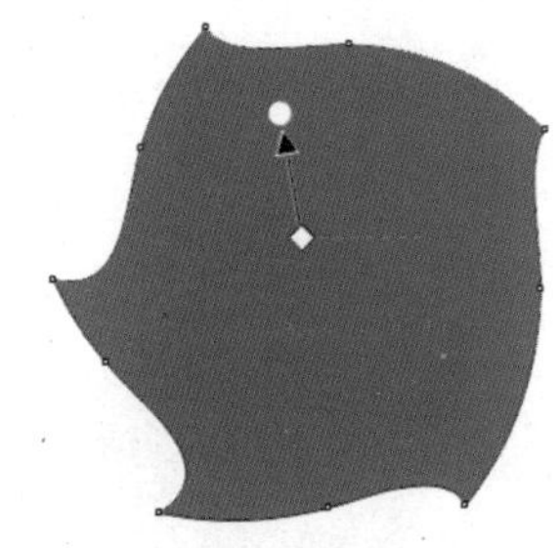

图 2-226 设置附加角度扭曲变形效果

（五）封套工具

封套工具可以为对象添加封套。通过调整封套造型，可对对象外观进行复杂的变形。

1. 创建封套效果

选中要添加封套的对象，单击工具箱中的【封套工具】按钮，对象上出现蓝色的封套编辑框，如图 2-227 所示。在蓝色编辑框或节点处按住鼠标左键进行拖动，即可创建封套效果。如图 2-228 所示。

编辑封套节点的方法与编辑曲线节点的方法类似，可以移动、添加、删除节点或改变节点的属性。

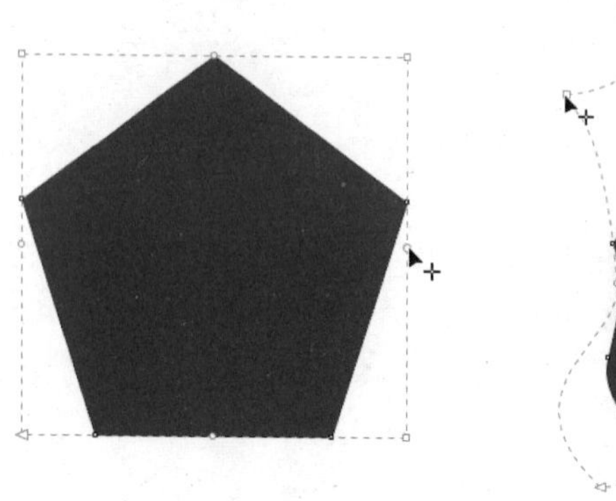

图 2-227　封套编辑框　　图 2-228　编辑封套

2. 设置封套属性

创建封套后，属性栏如图 2-229 所示。

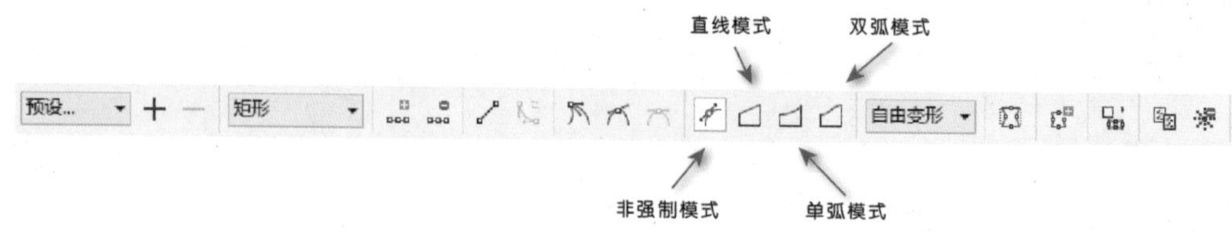

图 2-229　封套工具属性栏

属性栏的各项含义如下。

非强制模式：单击【非强制模式】按钮，可以不受任何约束地进行对象节点的编辑。如图 2-230 所示。

直线模式：单击【直线模式】按钮，将以直线模式编辑封套，效果如图 2-231 所示。

单弧模式：单击【单弧模式】按钮，将会以单一弧度模式编辑封套，效果如图 2-232 所示。

双弧模式：单击【双弧模式】按钮，将会以 S 形弧线模式编辑封套，效果如图 2-233 所示。

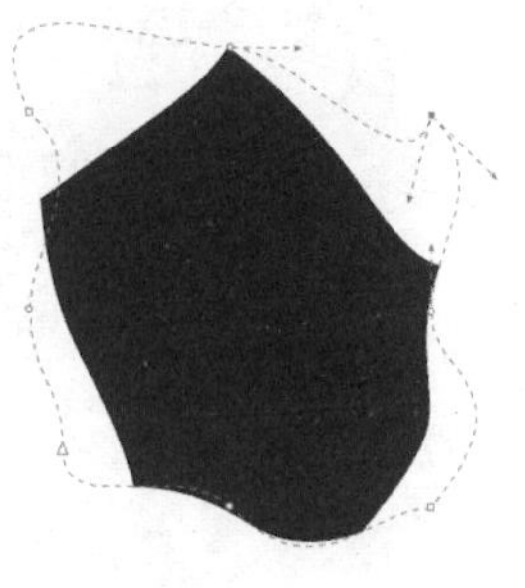

图 2-230　非强制模式

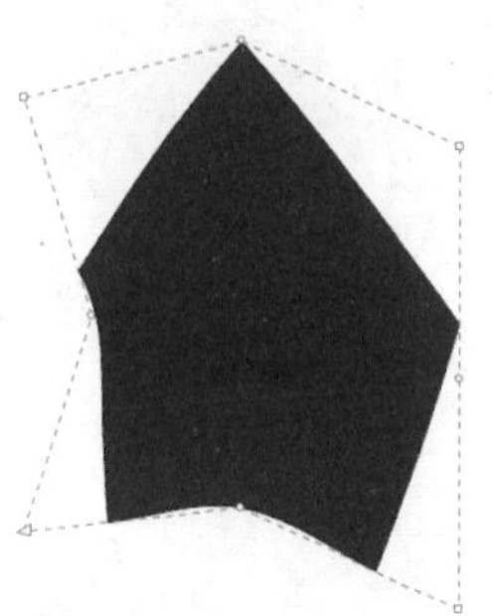

图 2-231　直线模式

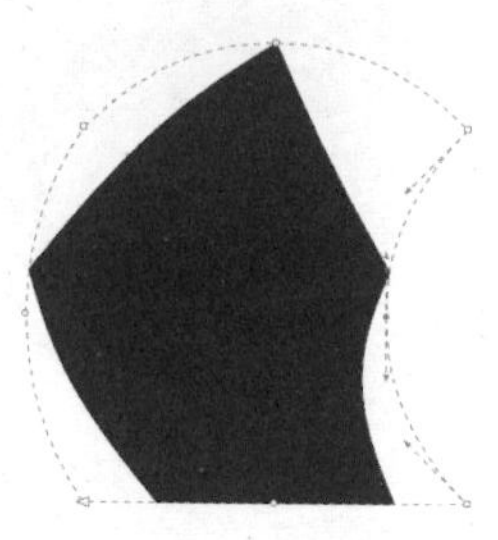

图 2-232　单弧模式

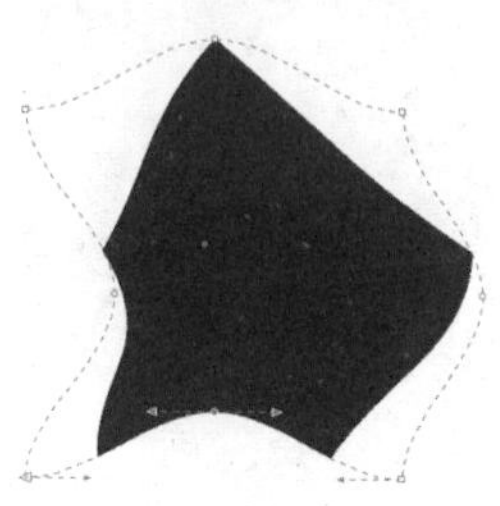

图 2-233　双弧模式

三、学习任务小结

本节课主要学习了交互式工具的使用方法，学会了图形的调和、变形、添加轮廓图、立体化、阴影等多种交互式效果的制作方法。课后，同学们要对这些命令进行反复练习，掌握其最便捷的绘制方式，提高绘图的效率。

四、课后作业

（1）独立完成课程中所有交互式工具的示范操作。

（2）应用本节课所学工具，临摹图 2-234。

图 2-234　插画练习

位图的编辑处理

教学目标

（1）专业能力：了解位图的导入、裁剪、颜色调整，以及转换为矢量图等多种位图图像处理方法。

（2）社会能力：具备自我学习能力和语言表达能力。

（3）方法能力：具备资料收集能力、软件操作能力。

学习目标

（1）知识目标：掌握位图导入、裁剪、颜色调整，以及转换为矢量图等命令的调用方式、绘制方法和绘制技巧。

（2）技能目标：能对位图进行导入、裁剪、颜色调整、转换为矢量图等命令的技能实训。

（3）素质目标：培养一丝不苟、细致观察、自主学习的能力。

教学建议

1. 教师活动

（1）备自己：要热爱学生、知识丰富、技能精湛、难易适当，加强实用性。

（2）备学生：做教案课件、图形成果、分解步骤、实例示范，加强针对性。

（3）备课堂：要讲解清晰、重点突出、难点突破、因材施教，加强层次性。

（4）备专业：掌握软件使用或版式设计专业的要求，教授知识与传授技能为专业服务。

2. 学生活动

（1）课前活动：看书、看课件、看视频、记录问题，重视预习。

（2）课堂活动：听讲、看课件、看视频、解决问题，反复实践。

（3）课后活动：总结、做笔记、写步骤、举一反三，螺旋上升。

（4）专业活动：加强软件功能的学习与版式设计在室内设计专业中的技能实训。

一、学习问题导入

CorelDRAW2017 不仅是一款优秀专业的矢量图绘制软件，而且位图编辑处理的功能也非常强大。本次课主要学习位图的编辑处理方法，主要讲解位图的编辑、调整位图图像色彩、应用位图滤镜等命令的调用方式、使用方法和技巧，通过导入位图、规则裁剪位图、裁剪位图为任意形状、精确剪裁位图、编辑位图、矢量图转换为位图以及快速描摹位图等命令，实现位图的各式编辑与处理功能。

二、学习任务讲解

（一）位图的编辑

1. 导入位图

执行【文件】→【导入】命令，快捷键为【Ctrl + I】，在【导入】对话框中选择需要导入的位图文件，单击【导入】按钮，如图 2-235 所示。然后在页面中单击并向右下方拖动鼠标，确定图像的尺寸，效果如图 2-236 所示。用户也可以在页面中单击鼠标导入位图图像。

图 2-235 “导入”对话框

图 2-236 拖动鼠标导入图像

2. 规则裁剪位图

导入位图时，如果只需要原图像的一部分，可以将导入的位图进行裁剪。

选择工具箱中的【裁剪工具】按钮，在选定的位图图像中单击鼠标左键并拖动光标，松开鼠标即可定义裁剪区域。移动裁剪区域框的控制点可改变剪切的大小。如图 2-237 所示。

要旋转裁剪区域，可单击该区域然后拖动旋转手柄进行旋转，也可以借助属性栏设置标准旋转角度；被旋转之后的裁剪区还可以任意移动。如图 2-238 所示。完成选择后，在裁剪区域内部双击鼠标左键，或者按键盘【Enter】键，可确定裁剪操作。如图 2-239 所示。

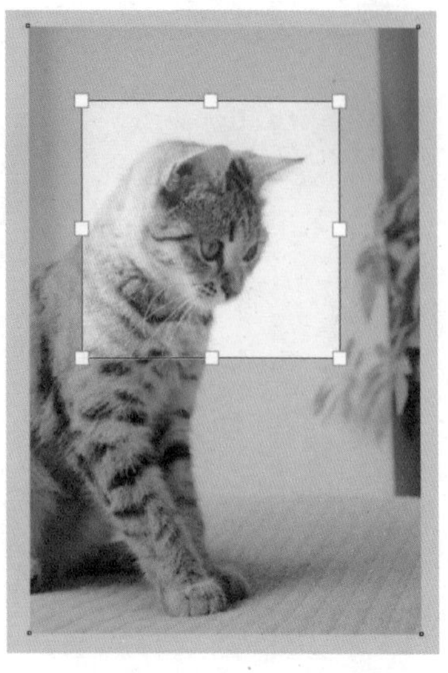

图 2-237　定义裁剪区域

图 2-238　旋转裁剪区域

图 2-239　确定裁剪区域

3. 裁剪位图为任意形状

导入位图不仅可对位图图像进行规则裁剪，还可以使用【形状工具】将位图图像裁切成任意形状。

选择工具箱中的形状工具，快捷键为【F10】，选择位图图像后，位图周围会出现四个节点。拖动调整位图的角节点，可以将位图裁切为不规则的形状，而且还可以在图像边框的控制线上添加或删除节点，从而将位图裁切成任意形状。如图 2-240 所示。

用鼠标右键单击图片上任意角节点，在弹出的快捷菜单中选择【到曲线】命令，可以将直线转换为曲线。如图 2-241 所示。调整节点两边呈现控制手柄，可对裁切形状进行曲线编辑。效果如图 2-242 所示。

图 2-240　调整位图的角节点

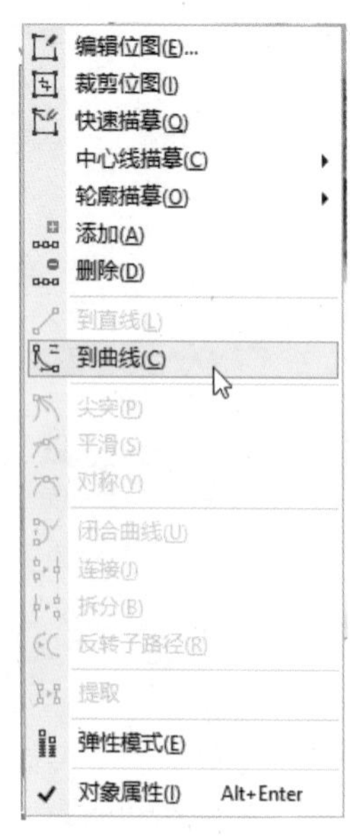

图 2-241　右键弹出快捷菜单

图 2-242　曲线编辑效果

4. 精确剪裁位图

在 CorelDRAW 2017 软件中的图框精确剪裁和 Adobe Photoshop 软件中的剪切蒙版功能相似，都使用图框精确剪裁来制作各种各样的图片效果。这种操作呈现的效果不会改变图片的像素。

先创建矢量图，用贝塞尔工具、钢笔工具或艺术画笔在图形上绘制出任意无规则的图形。如图 2-243 所示。

然后选择导入的位图，执行【对象】→【PowerClip】→【置于图文框内部】命令。如图 2-244 所示。出现粗黑箭头时单击矢量图，此时位图按照矢量图的形状进行剪裁。效果如图 2-245 所示。

图 2-243 创建矢量图

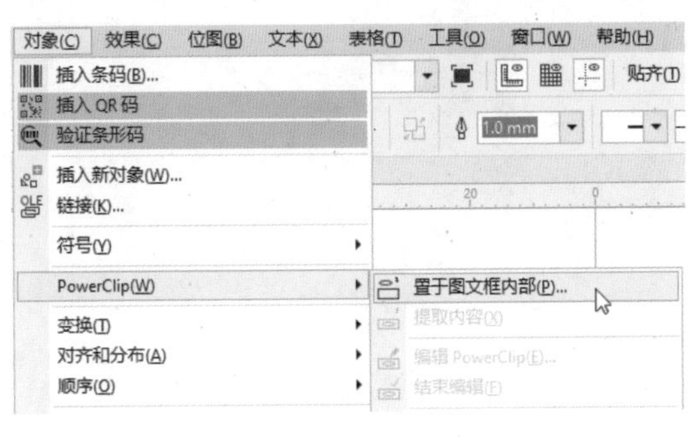

图 2-244 【置于图文框内部】命令

图 2-245 确定裁剪区域

进一步编辑位置，可单击鼠标右键，在弹出的快捷菜单中选择【编辑 PowerClip】命令，准确调好位置后，再次单击右键，结束编辑。如图 2-246 所示。

5. 编辑位图

选择位图图像，执行【位图】→【编辑位图】命令，或单击属性栏中的“编辑位图”按钮，启动“Corel PHOTO-PAINT”应用程序，如图 2-247 所示。使用工具箱中的工具对图像进行编辑，编辑完成后，单击“保存”按钮，关闭“Corel PHOTO-PAINT”应用程序，编辑后的位图图像将出现在 CorelDRAW 的绘制页面中。

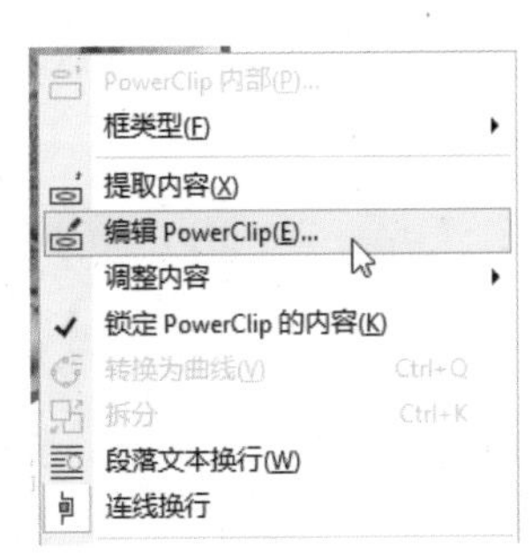

图 2-246 【编辑 PowerClip】命令

图 2-247　Corel PHOTO-PAINT 应用程序

6. 矢量图转换为位图

在位图编辑中，我们可以将矢量图转换为位图。

选中要转换的矢量图，执行【位图】→【转换为位图】命令，弹出【转换为位图】对话框，如图 2-248 所示。设置参数，单击【确定】按钮，即可将矢量图转换为位图图像，如图 2-249 所示。

【转换为位图】对话框中各参数的含义如下。

分辨率：用于设置位图图像的分辨率，默认分辨率为 300dpi。分辨率越高，所包含的像素越多，位图图像的信息量越大。

颜色模式：用于设置位图图像的颜色模式，默认颜色模式为“CMYK”。

光滑处理：可以使位图图像在转换过程中消除锯齿，使边缘更平滑。

透明背景：可以使转换后的位图背景为透明。

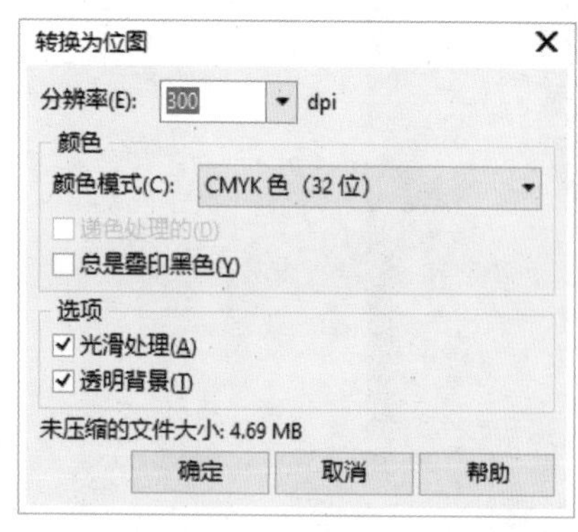

图 2-248　【转换为图形】对话框

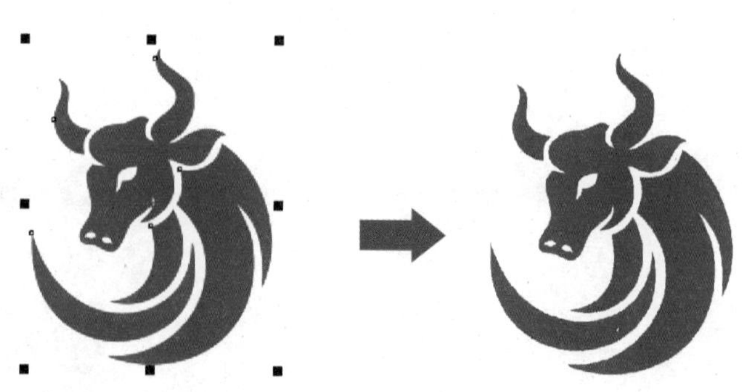

图 2-249　矢量图转换为位图

7. 快速描摹位图

除了可以将矢量图转化为位图，CorelDRAW2017 还可以将位图转化为矢量图。

选中要转换的位图图像文件，执行【位图】→【快速描摹】 命令，如图 2-250 所示，也可单击属性栏中的【描摹位图】 按钮，从弹出的下拉菜单中选择快速描摹命令进行转换。如图 2-251 所示。

在位图图像转化为矢量图后得到一个群组对象，用户可通过【取消群组】命令，使群组分开，再编辑图像。如图 2-252 所示。

图 2-250 【快速描摹】命令

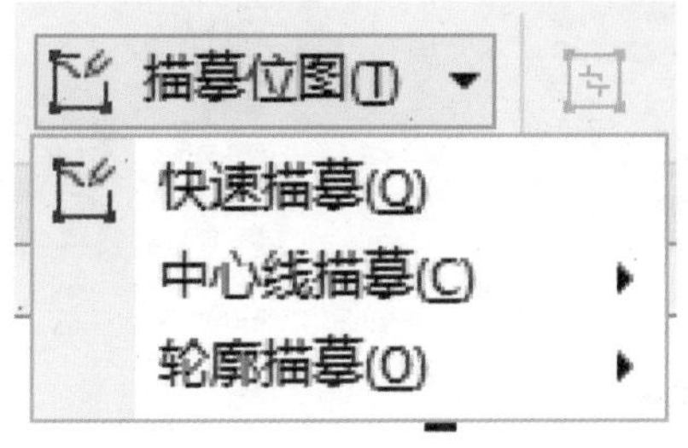

图 2-251 【描摹位图】下拉菜单

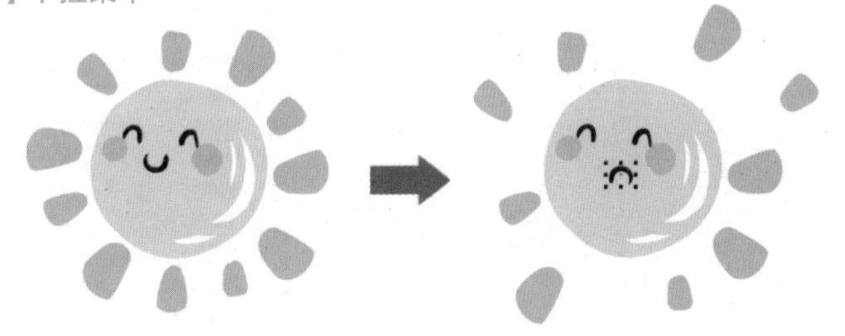

图 2-252 位图图像转化为矢量图后编辑图像

（二）调整位图图像色彩

选中位图图像，执行【效果】→【调整】命令，弹出调整子菜单，如图 2-253 所示。用户可根据设计的需要选择适合的命令进行调整。

（三）应用位图滤镜

点击菜单栏中【位图】命令，弹出的下拉菜单中提供了各式滤镜，如图 2-254 所示，将它们应用于位图可以生成许多令人惊奇的效果，如图 2-255 所示。

图 2-253 【调整】命令

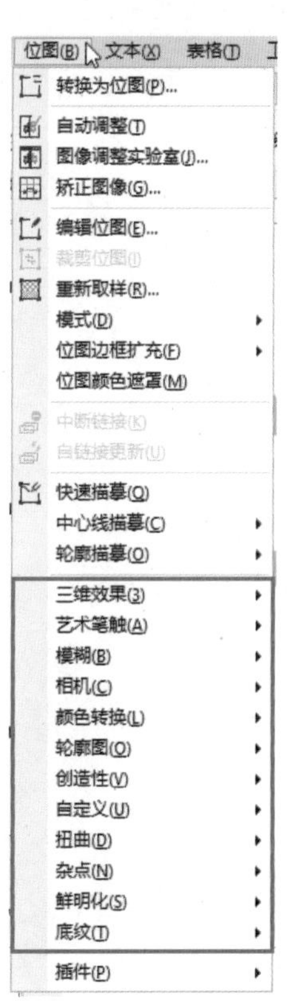

图 2-254 下拉菜单中的各式滤镜

三、学习任务小结

本节课主要学习了位图的编辑、调整位图图像色彩、应用位图滤镜等命令的调用方式、使用方法，学会了导入位图、规则裁剪位图、裁剪位图为任意形状、精确剪裁位图、编辑位图、矢量图转换为位图以及快速描摹位图等命令的操作技能。课后，同学们要对这些命令进行反复练习，掌握便捷的绘制方式，提高绘图的效率。

四、课后作业

（1）独立完成本节课中所有位图的编辑处理的示范操作。

（2）应用所学所有工具，完成临摹图 2-256 的排版练习。

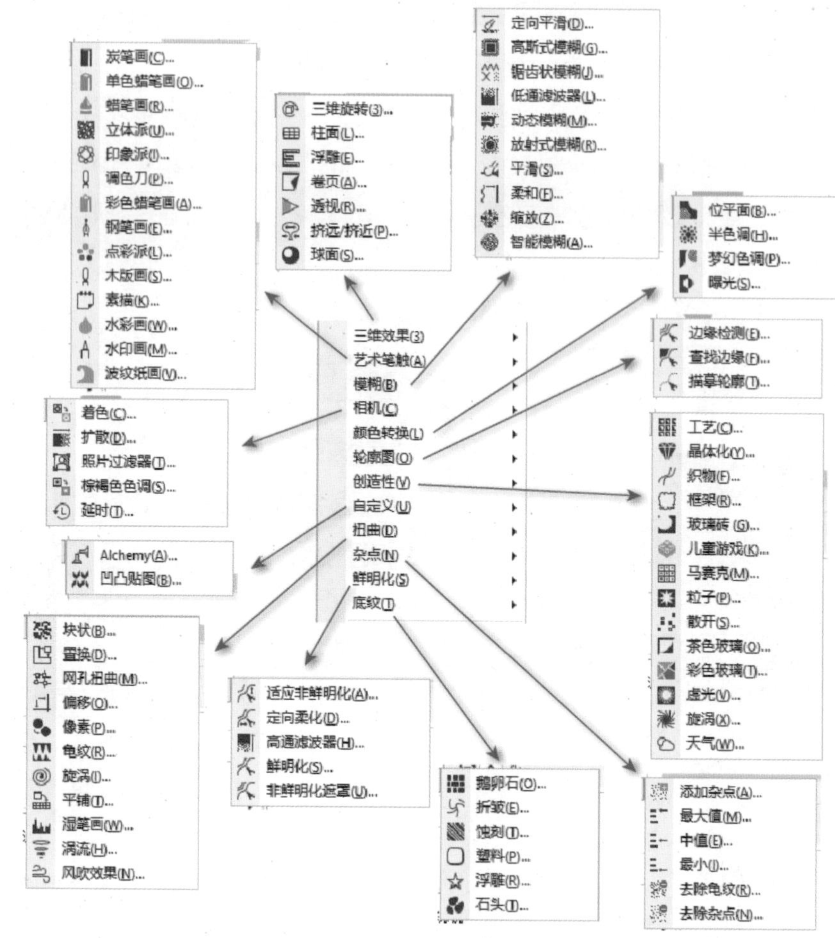

图 2-255　位图编辑中的各式滤镜

图 2-256　排版练习

项目三

CorelDRAW 2017 设计应用

logo 设计与技能实训

教学目标

（1）专业能力：能根据任务要求进行 logo 设计与制作任务的分析，能运用 CorelDRAW 2017 软件对 logo 设计草图进行规范的图形制作。

（2）社会能力：能在 logo 设计与制作的过程中，精益求精，认真细致，讲究工匠精神。

（3）方法能力：能收集相关 logo 设计案例资料，对 logo 设计案例进行归纳、分析、吸收、借鉴；课堂上小组活动积极参与实训，相互帮助；课后在专业技能上主动实践。

学习目标

（1）知识目标：能根据任务要求进行 logo 设计与制作。

（2）技能目标：能运用 CorelDRAW2017 软件进行 logo 的设计与制作。

（3）素质目标：具备创意思维能力和艺术表现能力，能大胆、清晰地表述自己的设计理念，具备团队协作能力和语言表达能力。

教学建议

1. 教师活动

（1）教师引入本次课学习任务情境，利用 CorelDRAW2017 软件通过演示 logo 设计与制作的过程，将 logo 设计草图制作成规范的图形文件。在此过程中，教师结合多媒体课件、CorelDRAW 2017 软件、教学视频等多种教学手段，演示操作并讲解 logo 制作方法的步骤和技巧。

（2）教师在学生进行 logo 设计与制作训练过程中，引导学生观察与分析 logo 造型，学习 CorelDRAW2017 软件的工具与命令操作方法与技巧；鼓励学生大胆尝试，勇于尝试；引导学生自主发现、分析和解决问题；对于学生遇到的共性难点问题进行集体讲解，个别问题进行个别指导。

（3）教师引导学生举一反三，综合运用 CorelDRAW 2017 软件的工具与命令进行不同案例 logo 制作的训练。

2. 学生活动

（1）根据教师给出的 logo 设计与制作的学习任务，学生认真聆听、观察教师的演示操作，同时记录操作方法与技巧。在制作过程中，认真细致，仔细体会 logo 设计方法与制作技巧，并最终完成 logo 制作。

（2）学生在 logo 设计与制作训练过程中，能够对 logo 设计方法与制作技巧进行反思和分析，利用 CorelDRAW2017 软件的工具和命令得到 logo 最佳制作效果，并与教师进行良好的互动和沟通；能够举一反三，运用本次课的 logo 制作方法与技巧完成不同任务的制作。

一、学习问题导入

各位同学，大家好！根据客户需求，我们目前已经完成资料收集、方案拟定、logo 草图设计、客户确稿四个阶段的学习任务。我们先看某网店 logo 的样稿，如图 3-1 所示。接下来我们将作为一名制作人员，利用 CorelDRAW2017 软件完成这个网店 logo 的电子稿制作的学习任务，那么这个网店 logo 如何制作呢？

图 3-1 某网店 logo

二、学习任务讲解

1. 案例目的

通过案例的绘制学习，熟练掌握【选择工具】、【矩形工具】、【椭圆工具】、【贝塞尔工具】、【形状工具】、【智能填充工具】、【编辑填充工具】、【轮廓工具】、【文本工具】、【群组】命令、【对齐】命令在本案例中的操作方法与技巧。

2. 绘制技能实训

（1）“米老鼠”卡通形象设计与制作。

步骤一：执行【菜单】→【新建】命令（快捷键【Ctrl+N】），新建一个 A4 页面，在绘图区域，执行【椭圆工具】。按住【Shift】键，绘制出“米老鼠”的耳朵、头部、鼻子的造型轮廓线和明暗交界线。注意圆的大小比例关系可以通过【选择工具】进行调整。如图 3-2 所示。

步骤二：先设置【智能填充工具】的【属性栏】，如图 3-3 所示。

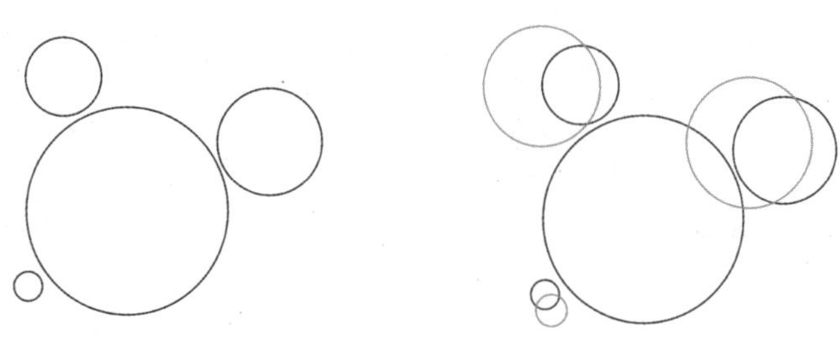

图 3-2 “米老鼠”轮廓线

图 3-3 属性栏设置

然后执行【智能填充工具】，用鼠标左键逐个单击，将有交界线的图形分离出闭合的图形，以便于填充颜色，如图 3-4 所示。

步骤三：选择【贝塞尔工具】，绘制出头部的明暗交界线曲线，利用【形状工具】调整曲线曲度，注意绘制交界线时要保证线与线之间是相交状态。如图 3-5 所示。

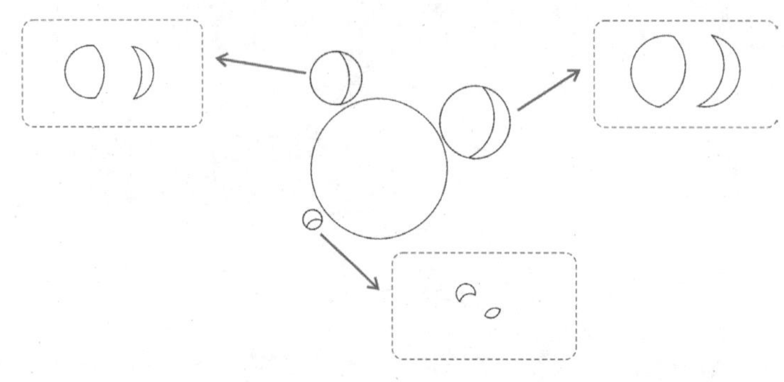

图 3-4　耳朵、鼻子制作

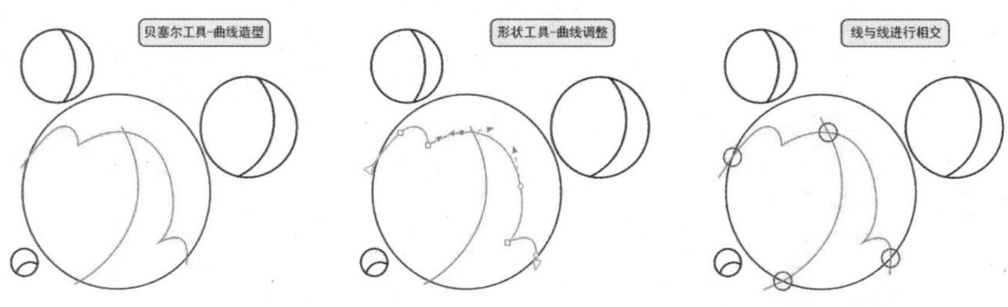

图 3-5　贝塞尔工具与形状工具应用

步骤四：重复步骤二，完成头部闭合图形，如图 3-6 所示。

步骤五：选择【椭圆工具】和【贝塞尔工具】，完成眼睛和嘴巴的绘制，同时选择【选择工具】调整图形之间的比例关系。“米老鼠”卡通形象整体线图效果，如图 3-7 所示。

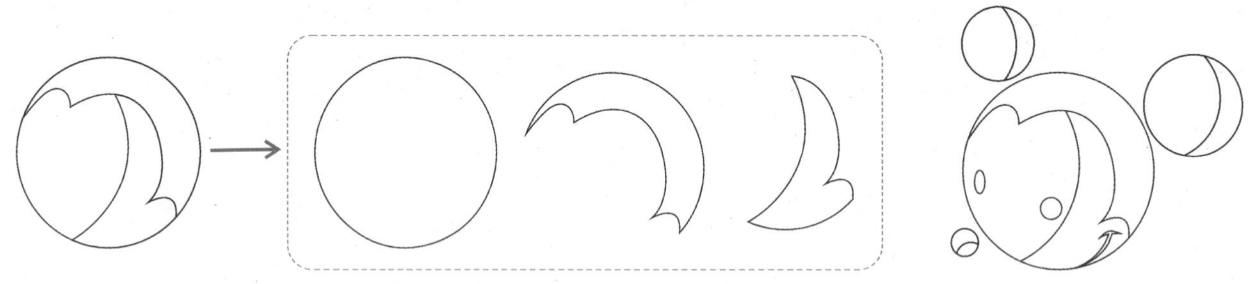

图 3-6　头部闭合图形

图 3-7　“米老鼠”整体线图效果

（2）填充颜色。

步骤一：选择【选择工具】，按住【Shift】键用鼠标左键加选所有的图形①，然后选择【编辑填充】（快捷键【F11】）。如图 3-8 所示。

步骤二：重复步骤一操作，按照所提供的 CMYK 数值填充图形②③④，如图 3-9 所示。

步骤三：执行【选择工具】，框选所有图形，用鼠标右键单击【调色板】中“无填充”图标去掉边框轮廓，然后执行【群组】命令（快捷键【Ctrl+G】），将图形群组在一起，最终效果如图 3-10 所示。

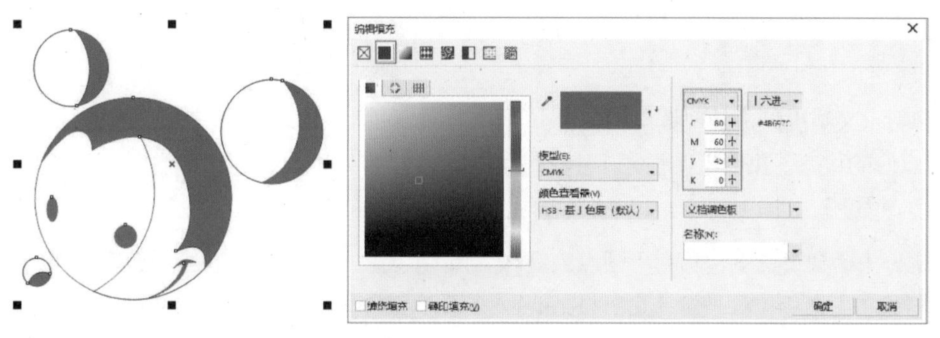

图 3-8　填充图形①的颜色

图 3-9　填充其他图形颜色

图 3-10　填充后最终效果

（3）标准字设计与制作。

步骤一：执行【矩形工具】画出矩形图形，然后执行【形状工具】进行倒圆角，倒角半径根据所画的矩形大小自定义。如图 3-11 所示。

步骤二：执行【轮廓图工具】，将其【属性栏】中“轮廓图步长”设置为 1，“轮廓图偏移”根据所画的矩形大小自定义偏移数值，如图 3-12 所示。

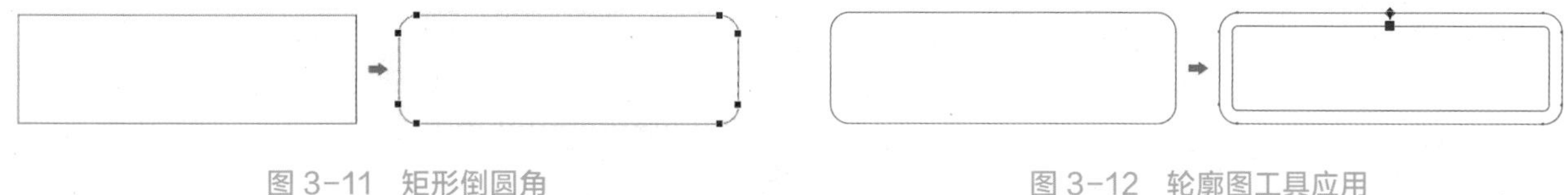

图 3-11　矩形倒圆角

图 3-12　轮廓图工具应用

步骤三：执行【选择工具】全部框选，然后执行【菜单】→【对象】→【拆分轮廓图群组】命令进行拆分（快捷键【Ctrl+K】）。如图 3-13 所示。

步骤四：在全部选择的状态下，执行【轮廓笔工具】（快捷键【F12】），根据矩形大小自定义轮廓宽度数值，如图 3-14 所示。

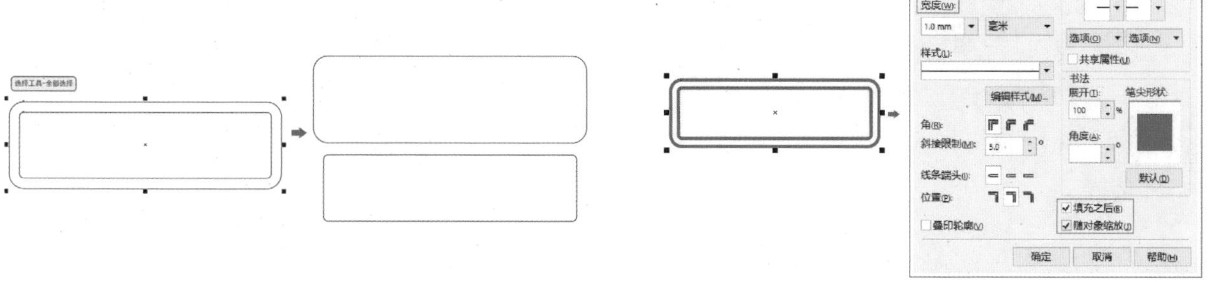

图 3-13　拆分轮廓图群组

图 3-14　轮廓笔工具应用

步骤五：选择大的矩形，执行【编辑填充工具】（快捷键【F11】），按照所提供的CMYK数值进行渐变填充，如图3-15所示。

步骤六：执行【文本工具】（快捷键【F8】），将光标插入绘图区域，输入中文“玩偶世家”，英文“Doll's House”。在点选的状态下执行【属性栏】中的字体列表变换字体类型，中文字体为“时尚中黑简体”，英文字体为“Arial”。如图3-16所示。

步骤七：执行【椭圆工具】，画出小圆点放置在“玩偶世家”文字中间，全部选择，执行【菜单】→【对象】→【对齐与分布】命令（快捷键【Ctrl+Shift+A】）将文字与小圆点对齐，对齐后执行【群组】命令（快捷键【Ctrl+G】）。如图3-17所示。

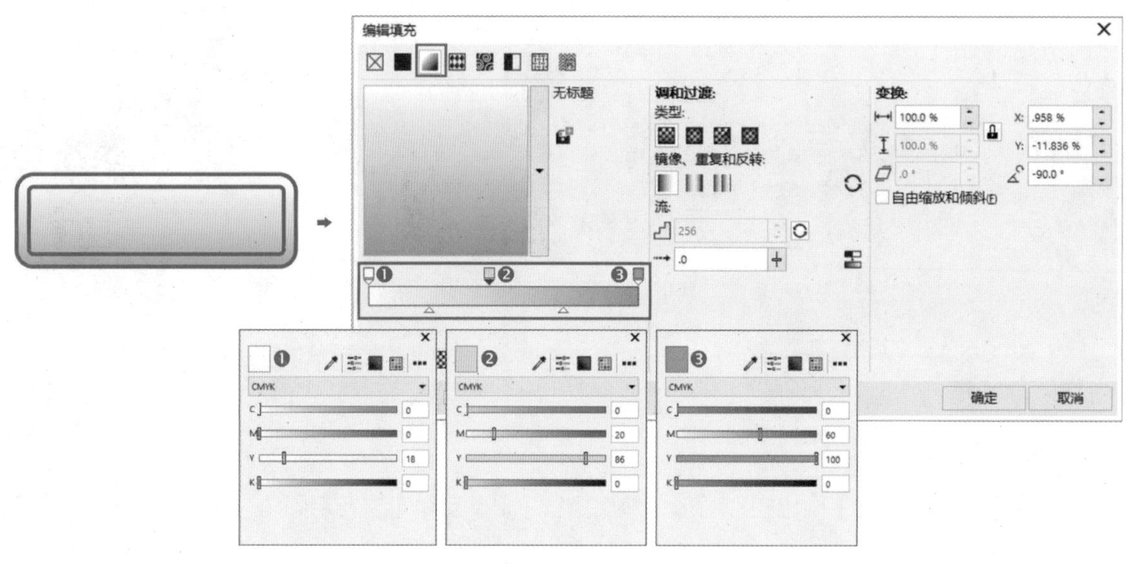

图3-15 填充渐变颜色

玩偶　世家
Doll's House

玩偶　世家
Doll's Hou

图3-16 变换字体

玩偶　世家

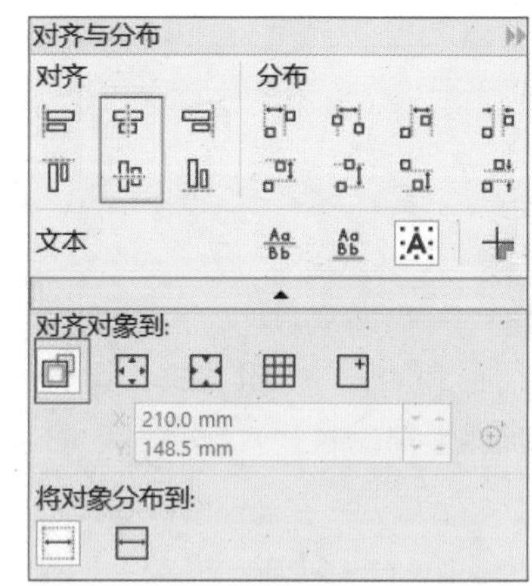

图3-17 水平、垂直居中对齐

最后框选全部字体，执行垂直左对齐命令，如图3-18所示。

步骤八：调整文字比例关系，标准字设计最终效果如图3-19所示。

（4）图形与标准字组合。

步骤一：调整“米老鼠”图形与标准字之间的比例关系，得到最终logo制作效果。如图3-20所示。

步骤二：执行【菜单】→【保存】命令（快捷键【Ctrl+S】），保存为电子文件。

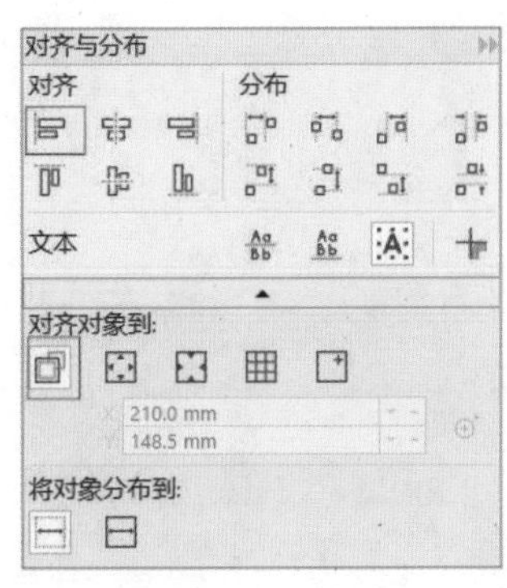

图 3-18 垂直左对齐

图 3-19 标准字最终效果

图 3-20 网店 logo 最终效果

三、学习任务小结

通过本节课的学习，同学们能运用 CorelDRAW2017 软件所学知识将 logo 设计草稿进行规范的图形制作，能在 logo 制作的过程中合理运用。课后，希望大家认真完成拓展任务，举一反三，巩固本节课所学的知识和技能，提升 logo 设计与制作的综合能力。

四、课后作业

参照本节课任务实施的组织形式，课后设计一个与本节课知识点相关联的实例，如图 3-21 所示。

图 3-21 某房地产 logo

版面设计与技能实训

教学目标

（1）专业能力：能根据任务要求进行版面编排设计与制作任务的分析，能运用 CorelDRAW 2017 软件将版面设计样稿制作成规范的输出打印稿。

（2）社会能力：能在版面编排设计与制作的过程中，精益求精，认真细致，具备工匠精神。

（3）方法能力：能收集相关版面编排案例资料，对版面编排设计的案例进行归纳、分析和借鉴；能多看课件多看视频，多问多思勤动手，课堂上小组活动主动承担任务，相互帮助；课后在专业技能上多实践。

学习目标

（1）知识目标：能根据任务要求进行版面编排设计与制作。

（2）技能目标：能运用 CorelDRAW2017 软件进行版面编排设计与制作。

（3）素质目标：具备创意思维能力和艺术表现能力，能大胆、清晰地表述自己的想法，具备团队协作能力和语言表达能力。

教学建议

1. 教师活动

（1）教师引入本次课学习任务情境，利用 CorelDRAW2017 软件通过演示版面编排设计与制作的过程，将版面编排设计样稿制作成规范的输出打印稿。在此过程中，教师结合多媒体课件、CorelDRAW2017 软件、教学视频等多种教学手段，演示操作并讲解版面设计与制作方法的步骤和技巧。

（2）教师需要在学生进行版面编排设计与制作训练过程中，引导学生观察与分析版面排版细节，学习 CorelDRAW2017 软件中的工具与命令操作方法。鼓励学生大胆尝试，引导学生自主发现、分析和解决问题。对于学生遇到的共性难点问题进行集体讲解，个别问题进行个别指导。

（3）教师引导学生举一反三，综合运用 CorelDRAW2017 软件中的工具与命令进行不同案例版面编排设计与制作的训练。

2. 学生活动

（1）根据教师给出的版面编排设计与制作的学习任务，学生认真聆听、观察教师对版面编排案例的演示操作，同时记录操作方法与技巧。在制作过程中，学生应认真细致，精益求精，仔细体会版面编排设计与制作的方法与技巧，并最终完成版面编排设计输出打印稿的制作。

（2）学生在版面编排设计与制作训练过程中，能够对版面排版设计的制作方法与技巧进行反思和分析，利用 CorelDRAW2017 软件的工具和命令将版面排版设计出最佳效果，并与教师进行良好的互动和沟通；同时能够举一反三，运用本次课的版面排版方法与制作技巧进行不同任务的制作尝试。

一、学习问题导入

各位同学，大家好！根据客户需求，我们已经完成了资料收集、方案拟定、版面编排设计样稿制作、客户确稿四个阶段的学习任务。我们先看图 3-22 的房地产报纸广告版面设计样稿。接下来我们将利用 CorelDRAW 2017 软件完成这张版面编排的输出打印稿的制作，这节课我们来讲解这张报纸广告版面设计的编排制作过程。

图 3-22　某房产报纸广告版面设计样稿

二、学习任务讲解

1. 案例目的

学生学习本案例的制作，熟练掌握【选择工具】、【矩形工具】、【贝塞尔工具】、【形状工具】、【文本工具】、【透明度工具】、【轮廓工具】、【贴齐】命令、【PowerClip】命令、【顺序】命令等在版面设计中的应用及操作方法与技巧。

2. 制作技能实训

（1）主图设计与制作。

步骤一：执行【菜单】→【新建】命令（快捷键【Ctrl+N】），新建页面尺寸为 340mm × 240mm，颜色模式为 CMYK，分辨率为 300dpi。执行【选择工具】，从标尺处拖出辅助线，用辅助线分割出版面内容区域。如图 3-23 所示。

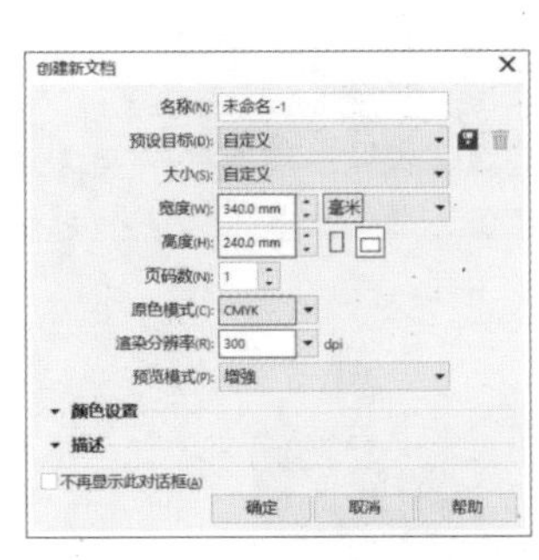

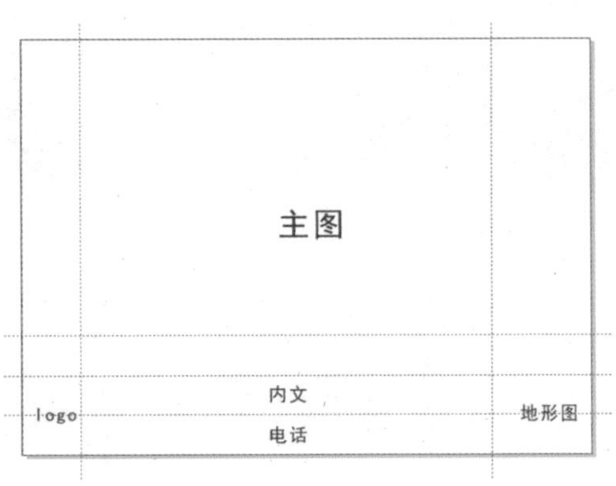

图 3-23　新建页面对话框与版面分割图

步骤二：执行【菜单】→【视图】→【贴齐】命令，将【贴齐】“辅助线”、“对象”、页面”分别打开，然后执行【矩形工具】，在主图区域画出矩形框，其目的是将素材置于图文框内部。执行【导入】命令（快捷键【Ctrl+I】或者从软件外部直接将素材拖至空白区域），将素材分别导入空白区域以备用。按照远、中、近的顺序进行画面合成，执行【选择工具】，使用鼠标右键拖动位图素材至矩形框中，松开右键弹出【PowerClip】、【放置丁图文框内部】命令，选择页面线框用鼠标右键单击【调色板】中“无填充”去掉框线。如图 3-24 所示。

图 3-24　PowerClip 命令应用

此处操作注意以下三点。

① 如果要编辑图文框内部位图素材，可以用鼠标左键双击图文框中的位图素材进入编辑状态（或者用右键单击图文框中的位图素材弹出【编辑 PowerClip】命令），编辑后按住【Ctrl】键，用鼠标左键单击页面空白处退出编辑（或者用右键单击图文框中的位图素材弹出【退出编辑】命令）。

② 如果位图素材之间需要前后顺序，可以执行【菜单】→【对象】→【顺序】→【到图层前面】或【到图层后面】命令（快捷键【Shift+PageUp】或【Shift+PageDown】）进行前后顺序调整。

③湖水位图素材效果可以执行【透明度工具】改变湖水素材硬边缘来达到渐隐效果。如图 3-25 所示。

图 3-25　透明度工具应用

（2）绘制楼盘地形图。

步骤一：按照所提供的楼盘地形图进行归纳、重构，完成楼盘地形图的设计，用【贝塞尔工具】绘制，使用【形状工具】进行调整，线段的粗细用【轮廓线工具】（快捷键【F12】）增加道路的主次关系。如图 3-26 所示。

步骤二：将提供的楼盘 logo 和绘制好的地形图添加到画面，调整图之间的比例大小关系，图形图像编排后效果如图 3-27 所示。

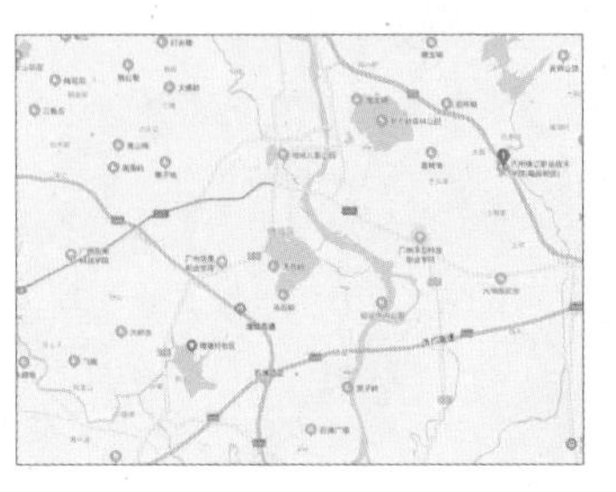

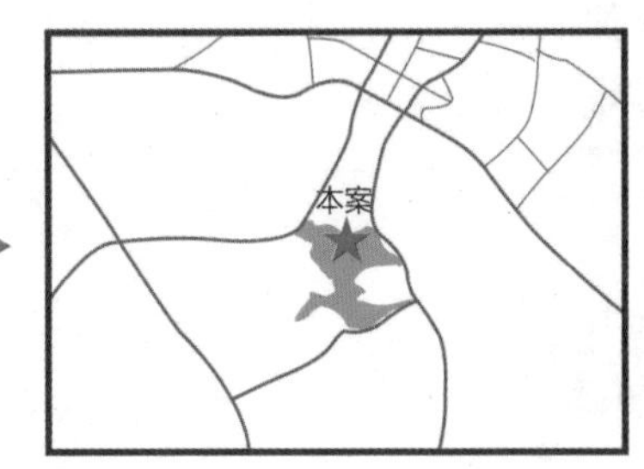

图 3-26　地形图

图 3-27　图形图像编排后效果

（3）主题字设计与制作。

步骤一：执行【文本工具】（快捷键【F8】），将光标插入绘图区域（采用美术字），输入中文“以湖的名义，造一座城！”，找到一款合适的书法中文字体类型，执行【菜单】→【对象】→【拆分美术字】命令（快捷键【Ctrl+K】），遵照设计意图，将主题字进行合理编排设计，同时注意字与字之间的等比缩放，形成大小不一的层次关系。如图 3-28 所示。

步骤二：重复步骤一，完成副标题的编排设计。选择一款纤细字体类型，中文和英文字体类型为“明尚简体”，将副标题进行合理编排设计，字间距、行间距可以执行【形状工具】进行调整，同时注意字体比例大小关系，添加“<”符号元素，增加其设计感。如图 3-29 所示。

以湖的名义，造一座城！

以湖的名义，造一座城！

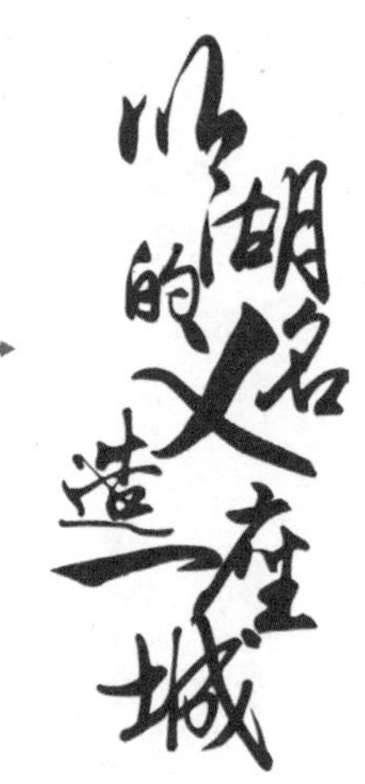

图 3-28　主题字设计效果

一座尊贵之城，可以容纳您所有的不屑！

Build a city in the name of the lake

一座尊贵之城，

可以容纳您所有的不屑！

Build a City

In the Name of the Lake

<<<<<<<<

图 3-29　副标题设计效果

步骤三：执行【群组】命令（快捷键【Ctrl+G】）将主题字和副标题文字分别进行群组，同时调整两者之间的比例关系，最终组合效果如图 3-30 所示。

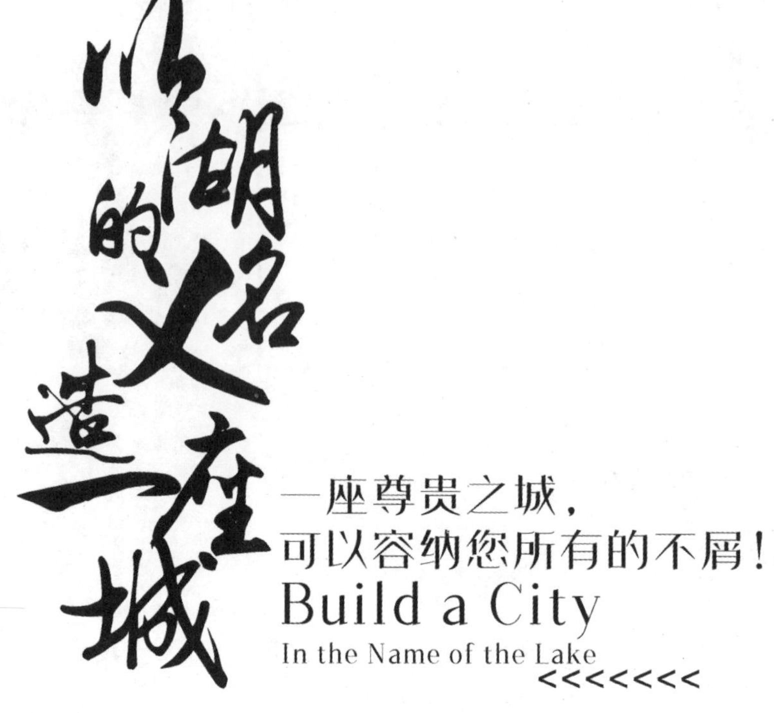

图 3-30　字体组合最终效果

（4）内文文字编排设计与制作。

步骤一：内文文字采用段落文本，将文案中的文字复制粘贴到段落文本框中，小标题字体类型为“方正大黑简体”，内文字体类型为“华文细黑”，字号大小根据版面要求自定义，段落之间的间距可以执行【形状工具】进行调整，段落文字两端对齐可以执行【文本工具】的【属性栏】中的“全部调整”进行对齐调整，执行【菜单】→【文本】→【插入字符】命令，选择“Wingdings”符号类型，选择适合的符号，将其拖拽到每段内文开始的地方，作为装饰点缀。如图 3-31 所示。

举步即园林，独踞自然特权
超过45%的社区绿化率，逾4万㎡庭院景观，约3000㎡以上灵动水景，近2.5万㎡绿地面积，缔造增城前所未有的社区风情水景，为业主提供情景交融、绿意盎然的日常休闲空间。
坐拥繁华，仅一步之遥
集合了居住、生活配套、度假休闲、餐饮娱乐，打造全时态综合宜居大盘；项目所处区位将有效汇聚老城繁华与湖泉生态，成为城市发展便利、交通网络升级的直接受益者，必将成为增城首屈一指的不可代替商业核心引擎，同时成为增城楼市发展的新标杆。

↓

举步即园林，独踞自然特权
超过45%的社区绿化率，逾4万㎡庭院景观，约3000㎡以上灵动水景，近2.5万㎡绿地面积，缔造增城前所未有的社区风情水景，为业主提供情景交融、绿意盎然的日常休闲空间。
坐拥繁华，仅一步之遥
集合了居住、生活配套、度假休闲、餐饮娱乐，打造全时态综合宜居大盘；项目所处区位将有效汇聚老城繁华与湖泉生态，成为城市发展便利、交通网络升级的直接受益者，必将成为增城首屈一指的不可代替商业核心引擎，同时成为增城楼市发展的新标杆。

图 3-31　内文编排最终效果

步骤二：公司信息的编排设计，字体类型分别为“迷你简菱心”、“造字工房力黑常规体”、“华文细黑”，字号根据版面大小自定义。如图 3-32 所示。

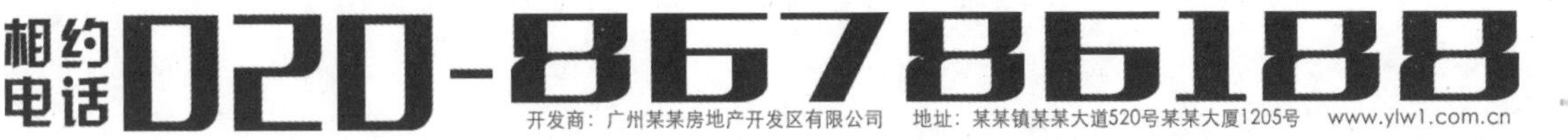

相约电话
020-86786188
开发商：广州某某房地产开发区有限公司 地址：某某镇某某大道520号某某大厦1205号 www.ylw1.com.cn

图 3-32 公司信息初排效果

步骤三：执行【选择工具】，选择“电话号码”，在【调色板】中单击鼠标左键填充为绿色（C:100,M:0,Y:100,K:0），执行【轮廓笔工具】（快捷键【F12】）将“电话号码”描边为酒绿色（C:40,M:0,Y:100,K:0），根据字体大小自定义描边的宽度，执行【插入符号】命令插入“电话”和“方形”符号作为装饰。如图 3-33 所示。

相约电话
020-86786188
开发商：广州某某房地产开发区有限公司 地址：某某镇某某大道520号某某大厦1205号 www.ylw1.com.cn

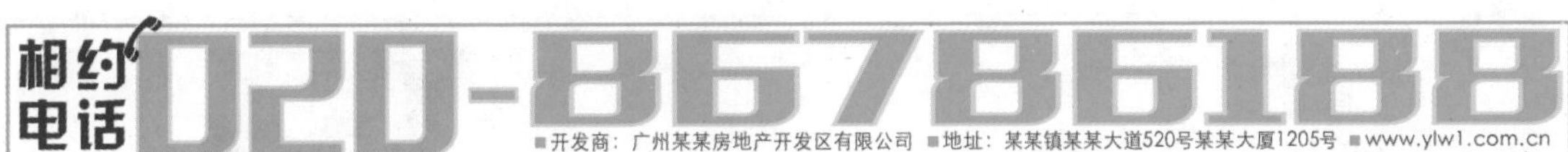

图 3-33 公司信息编排最终效果

（5）版面编排整合。

步骤一：调整各个部分之间比例关系，最后执行【矩形工具】画出页面边框线（或者用鼠标左键双击【矩形工具】也可以将把边框线填充在页面边上），完成房地产报纸广告版面设计最终效果。如图 3-34 所示。

步骤二：执行【菜单】→【保存】命令（快捷键【Ctrl+S】），保存为“房地产报纸广告版面设计 .cdr”。

一座尊贵之城，
可以容纳您所有的不屑！
Build a City
In the Name of the Lake
御龙湾1号
Royal Dragon Bay
相约电话
020-86786188

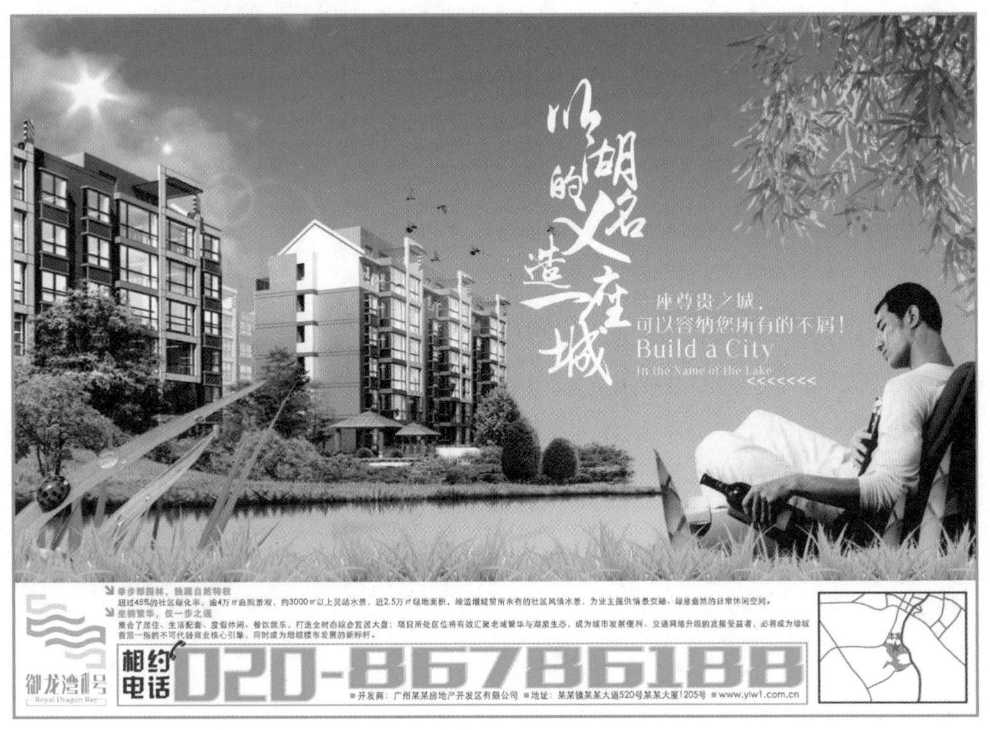

图 3-34 广告版面最终效果

三、学习任务小结

通过本次课学习，同学们掌握了运用 CorelDRAW2017 软件将版面编排设计样稿制作成规范的输出打印稿的方法，并能在版面编排设计与制作的过程中合理运用。课后，希望大家认真完成拓展任务，举一反三，巩固本节课所学的知识和技能，提升版面编排设计与制作的综合能力。

四、课后作业

参照本节课任务实施的组织形式，课后完成一个与本节课知识点相关联的实例，如图 3-25 所示。

图 3-35　某房地产三折页版面编排设计（正背面）

宣传海报设计与技能实训

教学目标

（1）专业能力：能根据任务要求进行宣传海报设计与制作任务的分析，能运用 CorelDRAW 2017 软件将宣传海报设计样稿制作成规范的输出打印稿。

（2）社会能力：能在宣传海报设计与制作的过程中，精益求精，认真细致，讲究工匠精神。

（3）方法能力：能收集相关宣传类海报案例资料，对宣传海报设计的案例进行归纳、分析和借鉴；能多看课件多看视频，能多问多思勤动手，课堂上小组活动主动承担，相互帮助；课后能在专业技能上多实践。

学习目标

（1）知识目标：能根据任务要求进行宣传海报设计与制作。

（2）技能目标：能运用 CorelDRAW2017 软件进行宣传海报设计与制作。

（3）素质目标：具备创意思维能力和艺术表现能力，能大胆、清晰地表述自己的想法，具备团队协作能力和语言表达能力。

教学建议

1. 教师活动

（1）教师引入本次课学习任务情境，利用 CorelDRAW2017 软件演示宣传海报设计与制作的过程，将宣传海报设计样稿制作成规范的输出打印稿。在此过程中，教师结合多媒体课件、CorelDRAW2017 软件、教学视频等多种教学手段，演示操作并讲解版面设计与制作方法的步骤和技巧。

（2）教师在学生进行宣传海报设计与制作训练过程中引导学生分析宣传海报，体会 CorelDRAW2017 软件中的工具与命令操作方法与技巧；鼓励学生大胆尝试，引导学生自主发现、分析和解决问题。对于学生遇到的共性难点问题进行集体讲解，个别问题进行个别指导。

2. 学生活动

（1）根据教师给出的宣传海报设计与制作的学习任务，学生认真聆听、观察教师对宣传海报案例的演示操作，同时记录操作方法与技巧；在制作过程中，认真细致，精益求精，仔细体会宣传海报设计与制作的方法与技巧，并最终完成宣传海报设计输出打印稿的制作。

（2）学生在宣传海报设计与制作训练过程中，能够对宣传海报设计的制作方法与技巧进行反思和分析，利用 CorelDRAW2017 软件的工具和命令将宣传海报设计出最佳效果，并与教师进行良好的互动和沟通。同时，能够举一反三，运用本次课讲解的宣传海报设计方法与制作技巧进行不同任务的制作尝试。

一、学习问题导入

各位同学，大家好！我们先看一张美食宣传海报设计样稿，如图 3-36 所示。接下来我们将利用 CorelDRAW2017 软件完成这张海报的输出打印稿，那么这张宣传海报是如何设计与制作的呢？

图 3-36　宣传海报设计样稿

二、学习任务讲解

1. 案例目的

学生学习制作案例，熟练掌握【选取工具】、【矩形工具】、【贝塞尔工具】、【形状工具】、【文本工具】、【交互式阴影工具】、【轮廓工具】、【贴齐】命令、【PowerClip】命令、【顺序】命令等在宣传海报设计中的应用及操作方法与技巧。

2. 制作技能实训

（1）主图设计与制作。

步骤一：执行【菜单】→【新建】命令（快捷键【Ctrl+N】），新建页面尺寸为 426mm × 291mm，颜色模式为 CMYK，分辨率为 300dpi，执行【选择工具】同时打开【菜单】→【对象】→【贴齐】命令中的“辅助线”“对象”“页面”命令，其目的是设置出血线（一般出血线为 3mm），从标尺处拖出辅助线至页面，辅助线会自动吸附在页边上，在【属性栏】中将“微距距离”改为 3mm，通过键盘上的方向键，完成出血线的设置。如图 3-37 所示。

步骤二：执行【矩形工具】，用鼠标左键双击【矩形工具】图标，页面边缘会生成大小一样的矩形线框，其目的是将素材“置于图文框内部”。执行【导入】命令（快捷键【Ctrl+I】）将位图素材分别导入空白区域以备用，按照远、中、近的顺序进行底图合成。执行【选择工具】，使用鼠标右键拖动位图素材至矩形框中，松开右键弹出【PowerClip】命令放置图文框内部，编辑图文框内部的位图素材（操作方法详见项目三“学习任务二”中的“主图设计与制作”的“步骤二”）。选择页面线框用鼠标右键单击【调色板】中“无填充”去掉框线，完成底图合成效果。如图 3-38 所示。

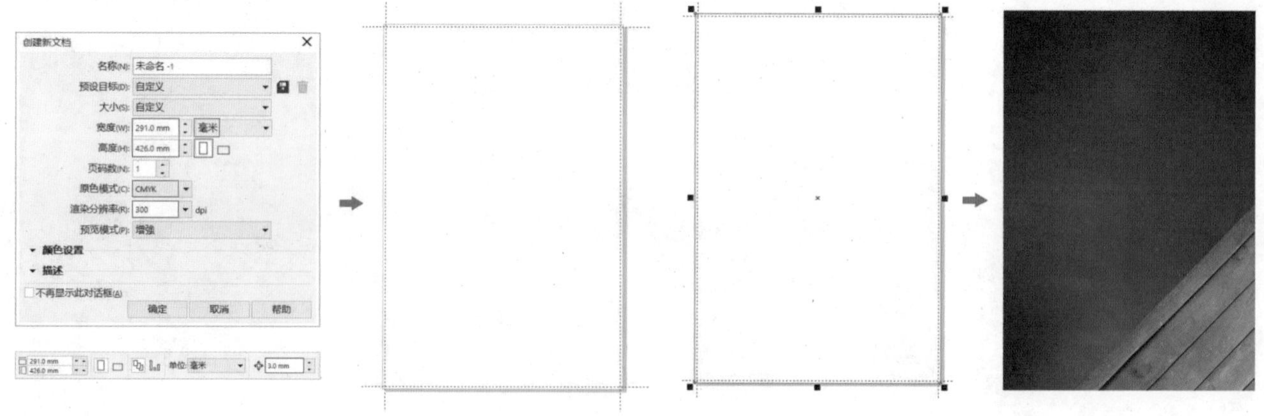

图 3-37　新建页面与设置出血线

图 3-38　底图合成效果

步骤三：如法炮制，将“披萨”位图素材放进图框内部，按照设计意图编排，执行【交互式阴影工具】，添加阴影来增加底图背景与其之间的层次与真实感。退出图框内部编辑，继续在画面上添加一些位图元素（如餐具、食材等）来增加主图的美观性。如图 3-39 所示。

步骤四：添加一些手绘线图素材，形成点线面效果，可以缓和画面全是位图素材带来的生硬、死板的效果，执行【群组】命令。如图 3-40 所示。

图 3-39　添加配图效果

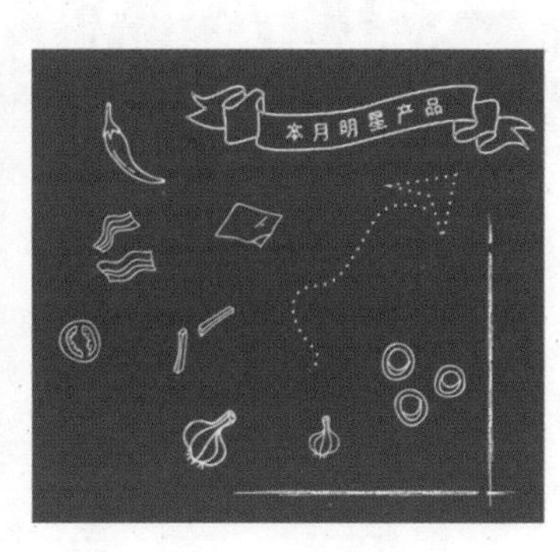

图 3-40　添加手绘线图效果

（2）主题字设计与制作。

步骤一：整个主题字的结构笔画都是由矩形图形构成的，执行【矩形工具】，画出一个矩形条状图形，矩形的宽度自定义（注意矩形宽度太粗或太细会影响字体结构设计的美观度）。通过复制命令复制出多个矩形条，注意快速复制技巧，鼠标左键按住选择的矩形条，将其拖动到其他位置再单击右键，即可完成复制。通过拉长、旋转、对齐矩形条，完成主题字不同笔画造型的设计。如图 3-41 所示。

步骤二：执行【选择工具】将每个字体结构分别全选，点击【属性栏】中【合并】图标完成图形合并。注意：只有选择两个图形以上才能使用【合并】命令。通过执行【对齐】命令（快捷键【Ctrl+Shift+A】）调出对齐面板，进行“中对齐”和“水平分散排列间距”（即对象之间水平设置相同的间距）。如图 3-42 所示。

美味披萨

图 3-41　主题字结构笔画设计

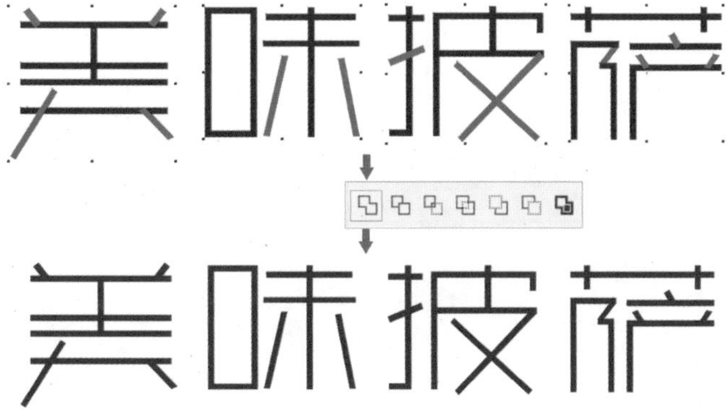

图 3-42　主题字合并与对齐

步骤三：添加一些几何图形和英文（此处英文字体类型为 Arial）作为装饰点缀，增加主题字的视觉感，执行【群组】命令（快捷键【Ctrl+G】）进行群组，最终效果如图 3-43 所示。

图 3-43　主题字设计最终效果

（3）其他文字编排设计与制作。

①广告语编排。

步骤一：执行【贝塞尔工具】画出曲线，然后执行【文本工具】中的“美术字”输入“新鲜美味 唇齿留香”，选择字体类型为书法字体，字号大小根据曲线的长度进行等比缩放，双选两个对象执行【菜单】→【文本】→【使文本适合路径】命令，在路径上调整字体大小和字体间距，如图 3-44 所示。

图 3-44　广告语文本适合路径应用

步骤二：执行【菜单】→【对象】→【拆分在一路径上的文本】命令（快捷键【Ctrl+K】），将文字与路径拆分后删除路径，并调整字体大小、角度，添加一些曲线图形，呈现出该广告语字体最终编排效果。如图 3-45 所示。

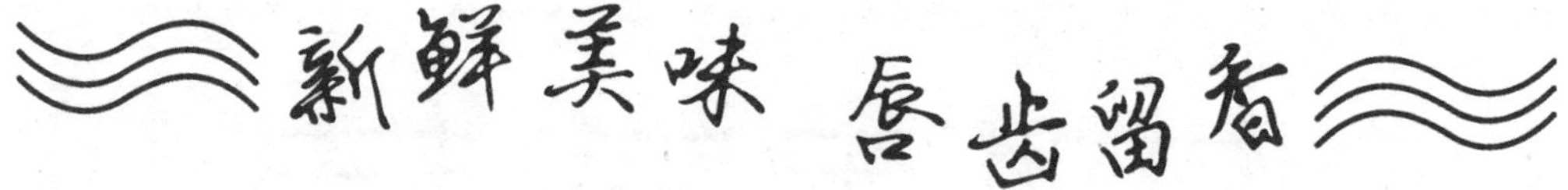

图 3-45　广告语编排最终效果

②内文与电话信息编排。

步骤一：小标题可以用【文本工具】中的“美术字”，内容可以用【文本工具】中的“编辑文本”，字体类型为“细黑”，字号大小自定义。如图 3-46 所示。

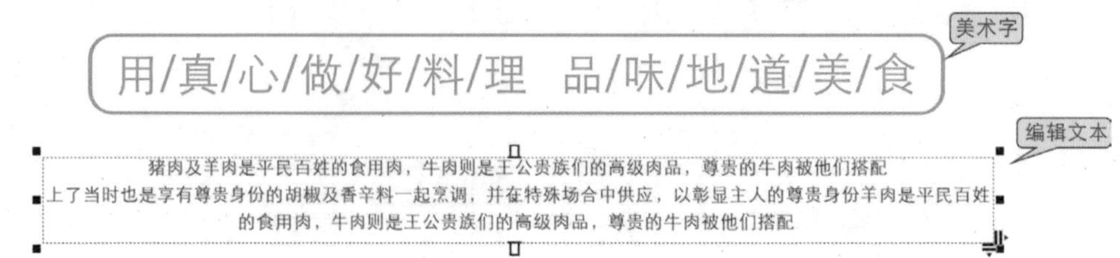

图 3-46　内文编排最终效果

步骤二：根据设计要求，电话信息可以醒目一些，但不能超出主题字的大小比例。“Pizza”字体类型为“Viner Hand ITC”，“订购电话”字体类型为“黑体”，电话号码字体类型为“Sitka Text”，同时注意在整个版面中使用的中文和英文字体类型最好不要超出三种，最后执行【群组】命令进行群组。如图 3-47 所示。

Pizza
订购热线
020-89996666

图 3-47　电话信息编排最终效果

（4）版面编排整合。

步骤一：通过调整字体大小，行距位置、色彩搭配，将主题字、内文等信息按照形式美法则编排，要不断调整文字和画面之间的关系，最终效果如图 3-48 所示。

步骤二：执行【菜单】→【保存】命令（快捷键【Ctrl+S】），保存为“美味披萨宣传海报设计 .cdr”。

图 3-48　宣传海报最终效果

三、学习任务小结

通过本节课的学习，同学们掌握了运用 CorelDRAW2017 软件将宣传海报设计样稿制作成规范输出打印稿的方法，并能在宣传海报设计与制作的过程中合理运用。课后，希望大家认真完成拓展任务，举一反三，巩固本节课所学的知识和技能，提升宣传海报设计与制作的综合能力。

四、课后作业

参照本节课任务实施的组织形式，课后完成一个与本节课知识点相关联的实例设计，如图 3-49 所示。

图 3-49 “遇见夏天”宣传海报设计

书籍封面设计与技能实训

教学目标

（1）专业能力：能根据任务要求进行书籍封面设计与制作任务的分析，能运用 CorelDRAW2017 软件将书籍封面设计样稿制作成规范的输出打印稿。

（2）社会能力：能在书籍封面设计与制作的过程中，精益求精，认真细致，讲究工匠精神。

（3）方法能力：能收集相关书籍封面设计案例资料，对书籍封面设计案例进行归纳、分析和借鉴；能多看课件多看视频，多问多思勤动手；课堂上小组活动主动承担任务，相互帮助；课后在专业技能上多实践。

学习目标

（1）知识目标：能根据任务要求进行书籍封面设计与制作。

（2）技能目标：能运用 CorelDRAW2017 软件进行书籍封面设计与制作。

（3）素质目标：具备创意思维能力和艺术表现能力，能大胆、清晰地表述自己的想法，具备团队协作能力和语言表达能力。

教学建议

1. 教师活动

（1）教师引入学习任务，利用 CorelDRAW2017 软件演示书籍封面设计与制作的过程，将书籍封面设计样稿制作成规范的输出打印稿。在此过程中，教师结合多媒体课件、CorelDRAW2017 软件、教学视频等多种教学手段，演示操作并讲解版面设计与制作方法的步骤和技巧。

（2）教师需要在学生进行书籍封面设计与制作训练过程中，引导学生观察与分析书籍封面设计细节，学习 CorelDRAW 2017 软件的工具与命令操作方法与技巧；鼓励学生大胆尝试，勇于尝试；引导学生自主发现、分析和解决问题；对于学生遇到的共性难点问题进行集体讲解，个别问题进行个别指导。

2. 学生活动

（1）根据教师给出的书籍封面设计与制作的学习任务，观察教师对书籍封面案例的演示操作，仔细体会书籍封面设计与制作方法，完成书籍封面设计输出打印稿的制作。

（2）学生在书籍封面设计与制作训练过程中，能够对书籍封面设计的制作方法与技巧进行反思和分析，利用 CorelDRAW2017 软件的工具和命令将书籍封面设计出最佳效果，并与教师进行良好的互动和沟通；同时，能够举一反三，运用本次课的书籍封面设计方法与制作技巧进行不同任务的制作尝试。

一、学习问题导入

各位同学，大家好！我们先看一张旅游类书籍封面设计样稿，如图 3-50 所示。接下来我们将利用 CorelDRAW 2017 软件制作这张书籍封面的输出打印稿，那么这张书籍封面如何设计与制作的呢？

图 3-50 书籍封面设计样稿

二、学习任务讲解

1. 案例目的

学生借助本案例的学习，熟练掌握【选取工具】、【矩形工具】、【贝塞尔工具】、【形状工具】、【文本工具】、【轮廓工具】、【贴齐】命令、【PowerClip】命令、【快速临摹】命令、【造型】命令、【顺序】命令等在书籍封面设计中的应用及操作方法与技巧。

2. 制作技能实训

（1）封面主图设计与制作。

步骤一：执行【菜单】→【新建】命令（快捷键【Ctrl+N】），新建页面尺寸为 216mm╳291mm，颜色模式为 CMYK，分辨率为 300dpi，出血线设置（具体操作详见项目三“学习任务三”中的“主图设计与制作”的“步骤一”）。执行【矩形工具】，双击鼠标左键【矩形工具】图标，完成页面边框线设置。执行【PowerClip】命令，将位图素材放置图文框内部（操作方法详见项目三“学习任务二”中的“主图设计与制作”的“步骤二”）。如图 3-51 所示。

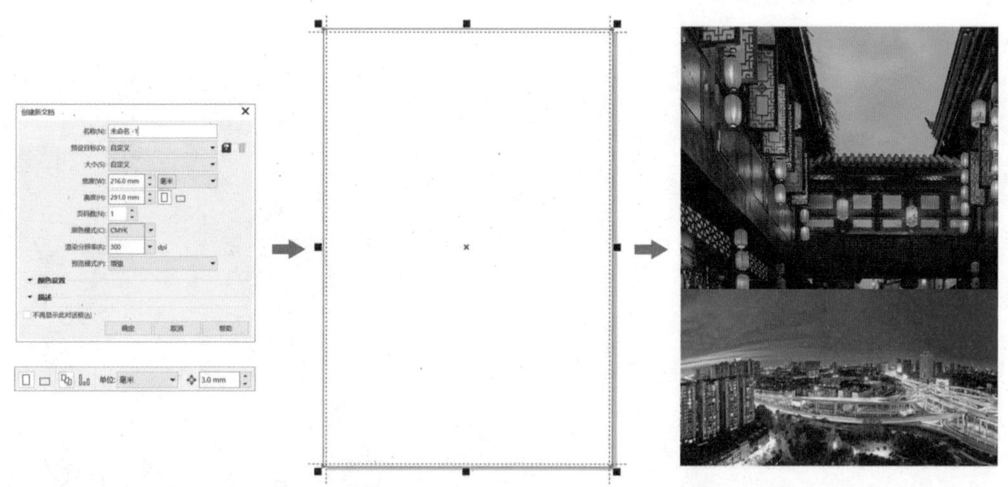
图 3-51 新建页面、出血线设置、PowerClip 应用

步骤二：将“笔触”位图素材拖入 CorelDRAW2017 软件页面区域，执行【菜单】→【位图】→【快速临摹】命令，将位图转化成矢量图，通过【取消群组】命令、【合并】命令和【形状工具】调整至最佳效果。如图 3-52 所示。

步骤三：执行【PowerClip】命令，将“笔触”矢量图放置图文框内部，调整其位置，如图 3-53 所示。

图 3-52 快速临摹命令应用

图 3-53 PowerClip 命令应用

（2）书名字体设计与制作。

步骤一：书名“印象成都”中的“印象”结构笔画是由矩形图形构成的（操作详见项目三“学习任务三”中 的“主题字设计与制作”的“步骤一”），通过“对齐” “合并”命令进行调整，最终效果如图 3-54 所示。

步骤二：为“成都”二字选择一款书法字体类型，将“熊猫”形象融入“成”字中，如图 3-55 所示。

图 3-54 “印象”字体设计最终效果

图 3-55 “成都”字体设计雏形

步骤三：将“成”字进行删减笔画，执行【手绘工具】，用直线框出要删减的笔画部分，点选框线①即为“原始对象”，再用 Shift 键加选“成”字②即为原目标对象，加选时切记先后顺序，①、②部分确认双选后，执行【属性栏】中的“修剪”图标，重复四次“修剪”操作，完成所有删减笔画部分。如图 3-56 所示。

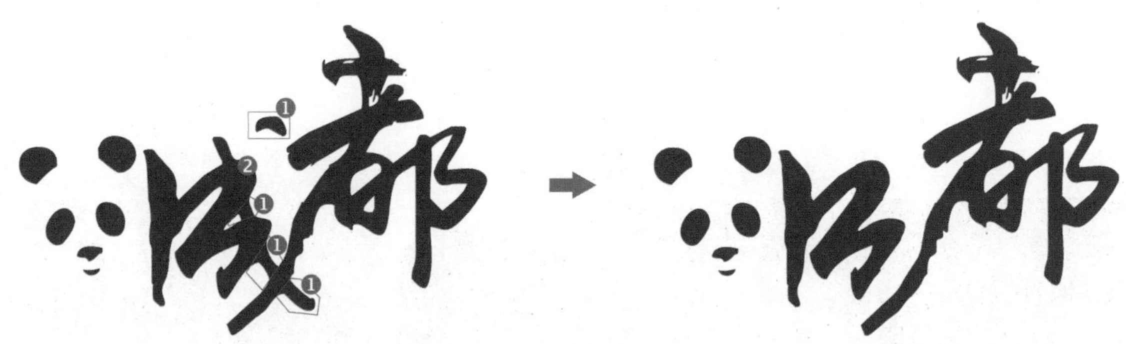

图 3-56 修剪命令应用

步骤四：执行【贝塞尔工具】，进行添加笔画，让“成”字更像一只憨态可掬的熊猫形象。通过调整曲线让笔画更接近书法笔触、填充颜色，完成“成都”二字的字体设计。执行【群组】命令（快捷键【Ctrl+G】）进行群组，最终效果如图 3-57 所示。

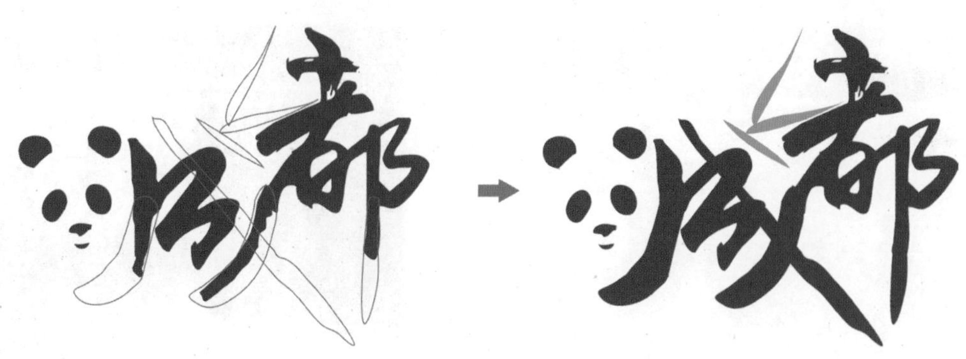

图 3-57 “成都”字体设计最终效果

步骤五：其他文字编排中“带不走的只有你”字体类型为“华文中宋”，英文“Impression Chengdu”字体类型为“Times New Roman-Bold, 粗体”，添加一些符号元素，通过调整缩放比例，增加文字与符号元素之间的层次感。执行【群组】命令（快捷键【Ctrl+G】）进行群组。如图 3-58 所示。

（3）封面编排整合。

步骤一：选择几张“成都” 的代表性位图素材，将位图素材调整到统一高度，并执行【对齐】命令，完成“水平对齐”和“水平分散排列间距”。通过【贴齐】命令，画出等宽等长的矩形边框，填充白色后，执行【轮廓笔工具】，使边框颜色为白色，宽度根据位图素材大小自定义，群组后以待备用。如图 3-59 所示。

图 3-58 其他字体编排设计

图 3-59 配图编排

步骤二：通过调整字体比例大小、行距位置和色彩搭配，将书名、副标题字体和配图按照形式美法则编排到画面上，反复调整字体和配图在画面上的位置关系（注：“图文天下”字体类型为“大黑简体”，“北京联合出版社”字体类型为“书法字体”），最终效果如图 3-60 所示。

步骤三：执行【菜单】→【保存】命令（快捷键【Ctrl+S】），保存为“《印象成都》书籍封面设计 .cdr”。

图 3-60 《印象成都》书籍封面设计最终效果

三、学习任务小结

通过本节课的学习，同学们掌握了用 CorelDRAW 2017 软件将书籍封面设计样稿制作成规范输出打印稿的方法，并能运用在书籍封面设计与制作的过程中。课后，希望大家认真完成拓展任务，举一反三，巩固本节课所学的知识和技能，提升书籍封面设计与制作的综合能力。

四、课后作业

参照本节课任务实施的组织形式，课后完成一个与本节课知识点相关联的实例设计，如图 3-61 所示。

图 3-61 《时尚家居》杂志封面设计

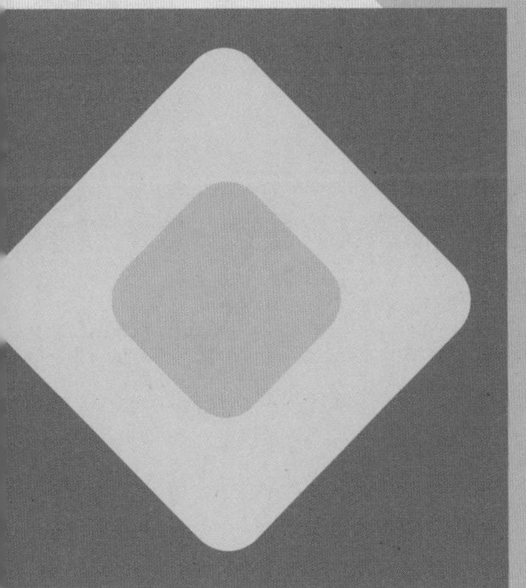

项目四

室内设计图册编排实训

家居空间设计图册编排案例实训

教学目标

（1）专业能力：掌握家居空间图册的设计和编排的方法，能根据家居空间装修风格选择合适的元素进行图册设计。

（2）社会能力：学会针对不同用户群体的需求进行家具空间图册的设计和编排。

（3）方法能力：具备图册案例收集、整理能力以及软件设计制作能力。

学习目标

（1）知识目标：掌握风格家具空间图册设计与编排的方法。

（2）技能目标：能运用 CorelDRAW2017 软件制作家居空间图册。

（3）素质目标：培养一丝不苟、细致观察、自主学习、举一反三、团队协作的能力。

教学建议

1. 教师活动

展示优秀的家居空间图册，讲解和示范家居空间图册设计与编排的方法。

2. 学生活动

认真观看教师示范家居空间图册设计与编排的方法，并在教师的指导下进行项目实训。

一、学习问题导入

家居空间设计的图册编排主要用于设计方案的提案阶段。家居空间设计方案图册可以系统展示设计的理念、元素和效果，直观性较强，便于客户全面了解设计成果，让设计师与客户有效沟通。

二、学习任务讲解

（一）图册设计与编排的流程

1. 了解项目要求

设计者应了解项目的概况与客户的要求，明确客户的装修风格，了解户型面积、预算、常住人口、个人喜好、定位等信息。如图 4-1 所示。

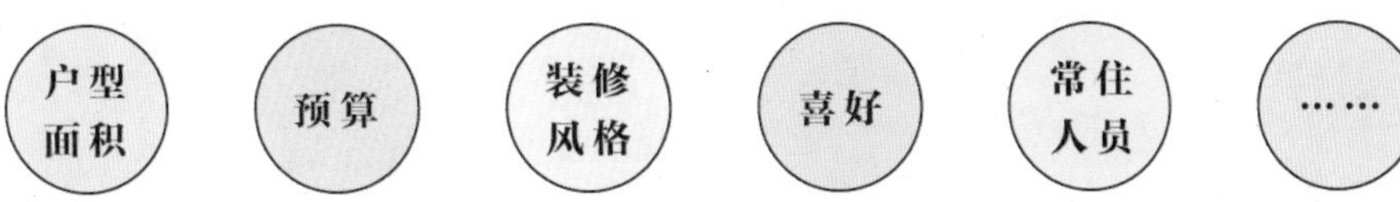

图 4-1　了解项目的概况与客户要求

2. 整理展示内容

在获取了相关信息后，可以通过整理和分析信息，规划图册的整体篇幅与每页要展示的内容。如图 4-2 所示。

3. 规划设计草图

页面的内容规划确定后，可以尝试做页面草图设计，整体规划各页面的图文比例，明确章节逻辑。如图 4-3 所示。

项目分析
- 样板房空间设计核心
- 行为系统
- 品质设定标准

平面布置图
- 人流动线分析
- 消防动线分析

概念方案
- 目标人群分析
- 色彩配比分析
- 设计要点分析

图 4-2　整理和分析信息

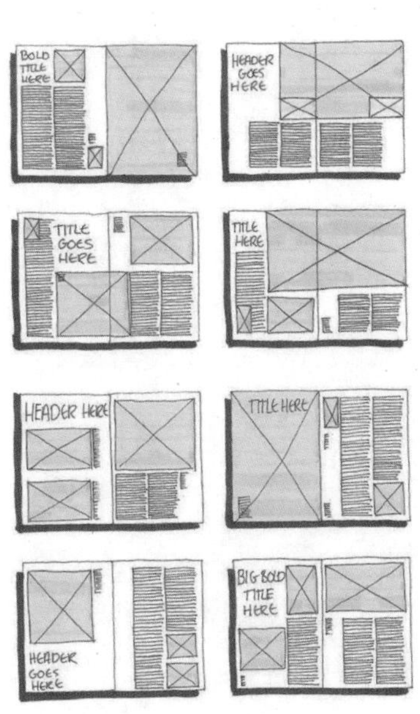

图 4-3　设计草图布局

4. 确定设计风格

有了大致的草图规划后，可以配合设计风格，编排相应的版式设计。如图 4-4 所示。

图 4-4　设计版式风格

（二）图册设计实操

1. 了解项目要求

首先我们将了解到的项目要求整理为“文字与页面需求”。如图 4-5 所示。

封面【P1】

广州市从化区君源御湖城样板房设计策划方案

the overall planning scheme

封面扉页【P2】

广州市从化区君源御湖城样板房设计项目

室内设计整体策划方案

03-12-2015

目录【P3】

- 项目介绍
  - 样板房空间设计核心
  - 行为系统
  - 品质设定标准
- 平面布置图
  - 人流动线分析
  - 消防动线分析
- 概念方案
  - 目标人群分析
  - 色彩配比分析
  - 设计要点分析

项目分析【P4~P8】

项目介绍【P4】

君源御湖城位于广州市从化区，拥有约 400 亩私家山林、113330 平方米的私家人工活水湖，绿化率达 40.2%。总占地面积为 117362 ㎡，建筑面积为 222984 ㎡，分多期开发，其中，东区（一期）占地面积约 700 亩，总建筑面积约 22 万㎡，有 21 栋 16 层高的小高层洋房和 206 套双拼、多连别墅组成一期约1530户（含别墅），其中一期洋房共1330套，别墅206套。

君源御湖城囊括小高层洋房和 200 ~ 460 平方米的双拼、三拼、多联等类型别墅，一期洋房主打 80 ~ 100 多平方米的高实用率 2 至 3 房，并附有 n+1 户型设计和大飘窗；别墅产品合共 45 栋低层住宅，分为三大组团，组团编号为 VA、VB 和 VC。组团 VA 包括 10 栋底城住宅，组团 VB 包括 16 栋低层住宅，组团 VC 包括 19 栋低层住宅，层数均为 3 层，高度均为 9.9 米。

样板房空间设计核心【P5 ~ P6】

1. 情感动线的设定能使空间产生化学作用，使空间变成一首华丽动听的乐曲。
2. “亲切感”使生活与空间融为一体，配饰、物料的肌理，光线的设定，使风格更“地道”。
3. 空间整体优化，引领全新的生活方式。
4. 空间的主题凸显，运用艺术品，配饰，让人们体验生活的真正意义。
5. 运用物料的物理功能应用合理化，用哑光砖做防眩光设计，运用好各种物料配搭特点等。
6. 注重“建筑模数”的应用，令建筑空间材料高度统一，减少耗损，降低工程成本。
7. 生活设施设计细节调整。
8. 储物功能细节设计。
9. 让空间有“舒展的尺寸”，客厅特有的挑高设计，室内外的相互借景，家具的围合，主入口的气派设计。
10. 光照方式合理运用二次光源，利用点光源，泛光照明等手法。使空间更舒适，方法有：天花泛光，窗帘盒泛光，侧藏光……
11. 重视室内，室外灰色空间的设计，例如：窗台、阳台、露台、平台的设计。
12. 提升主人套房的豪华配置必须有的功能，必须有的设施，家具要求，功能的细化……
13. 合理设定生活流线，如大空间，洗手间的使用的舒适，方便性。

行为系统【P7】

居家四大行为体系

以业主需求为先，铂城通过科学研究归纳出家居生活的四大行为体系

- 家政体系：收纳、烹饪、清洁、洗衣。
- 休闲餐饮体系：会客、观影、赏乐、就餐、健身、阅读。
- 礼仪体系：洗浴、如厕、理容。
- 寝思体系：学习、工作、就寝。

品质设定标准【P8】

- 室内温度：冬季满足 20℃以上，夏季满足 26℃以下。
- 室内相对湿度：湿度高于 50% 时，可以抑制病毒病菌的滋生和传播，还可提高人体机能的免疫力。
- 室内空气质量：室内新风量要求 30m³/h 人，空气流速为夏至 0.3m/s，冬至 0.2m/s。
- 声环境控制：完全舒适的声音环境应该是环境噪音白天低于 45 分贝，夜间休息时低于 35 分贝。
- 照度设定：有利于人的身心健康、效率、舒适的环境，设定各种不同的场景。
- 智能便利：舒适、安全、便利、节能家居环境。
- 完整又协调的配色系统：和谐舒服，层次丰富的效果，提升舒适度。
- 质感设定：所有物料，可接触物品让人舒心。

平面布置图【P9 ~ P11】

平面布置图【P9】
人流动线分析【P10】
消防动线分析【P11】

概念方案【P12 ~ P15】

目标人群分析【P12】

- 样板房客户群分析
- 样板房设计风格：现代简约风格
- 目标客户群背景：现代人群在经济实用舒适的同时，希望空间体现一定品位，不仅注重居室的实用性，而且还对工业化社会生活的精致与个性有所追求
- 年龄：20-35 岁
- 家庭结构：新婚家庭，三口之家
- 人群特征。

1. 属于社会中层小康生活水平的人群
2. 喜欢以简洁的表现形式来满足内心对空间环境感性，本能和理性需求的人群
3. 注重生活品位，注重健康时尚，注重合理节约科学消费

色彩配比分析【P13】

- 色彩分析。
- 质感体验。

设计要点分析【P14】

写意　浪漫

研习古典融入现代的生活元素，不只是奢华，更多是协议浪漫。

通过完美的曲线，精益求精的细节处理，给你带来不尽的舒适触感。

方案图【P15 ~ P19】
封底【P20】

图 4-5　文字与页面需求

2. 整理展示内容

根据提供的图册文字内容，将图册内容分成三个章节。如图 4-6 所示。第 1 章是项目分析，主要介绍了项目的概况，叙述性的文字较多，规划为 6 页。第 2 章主要是用于平面布置图的展示，这里只简单制作了其中一个单元的平面图，即人流动线与消防动线的图片展示，如项目有更复杂的二层或其他单元，可在此章节中自行添加页数。第 3 章是以图片展示为主的，概念方案，也就是意向图。收集相应的装修风格的意向图，展现未来装修设计风格，这里规划为 6 页。最后，加上封面、封面扉页、目录与封底，最终将图册的页数设定为 20 页。

图 4-6　页面规划

3. 规划草图设计

打开 CorelDRAW 2017 并新建一个文件，设置尺寸为 A4，页面设置为横排，页码定为 20 页。如图 4-7 所示。由于设计提案图册通常在打印店直接打印输出，在页面设置上可以直接设置 A4 标准尺寸，可最大化利用纸张的空间。

在 CorelDRAW 2017 软件里实现多页设计，除了新建文件时设置页码数为 20 页，也可以在软件界面左下角页面栏处随时添加或删减页面。如图 4-8 所示。

为方便设计图册时把控跨页的整体视觉效果，可以在菜单栏中【布局】→【页面设置】中打开【页面设置】选项对话框，设置跨页。先设置图册整体对开页的总宽度，在【页面尺寸】里可直接在“宽度”一栏的数字后输入“*2”，软件会自动换算结果。如图 4-9 所示。

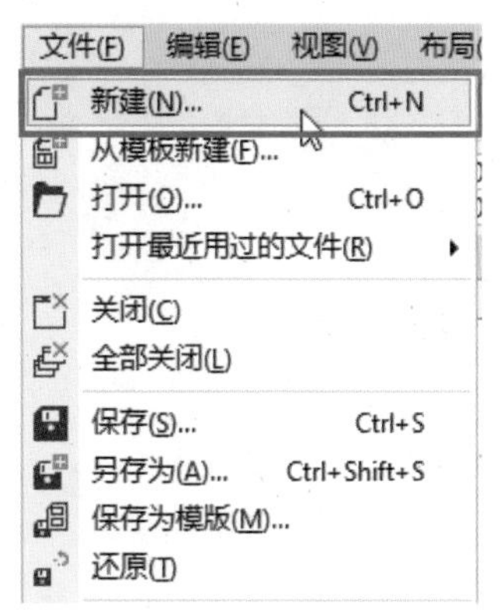

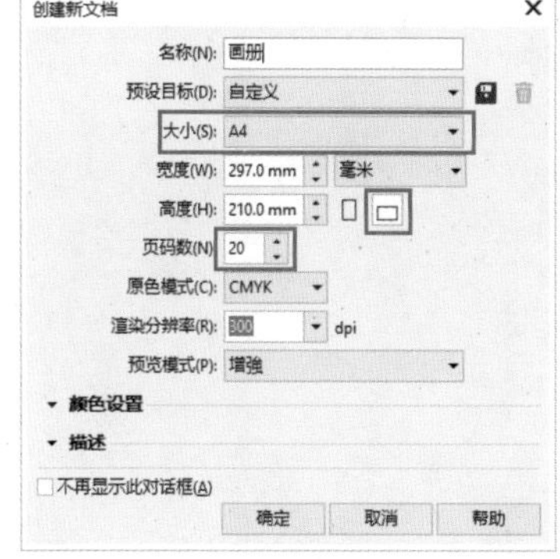

图 4-7　新建文件

图 4-8　在页面栏处添加页面

在【布局】里下拉菜单栏中选择“活页”，再把“对开页”选项勾选上。如图 4-10 所示。

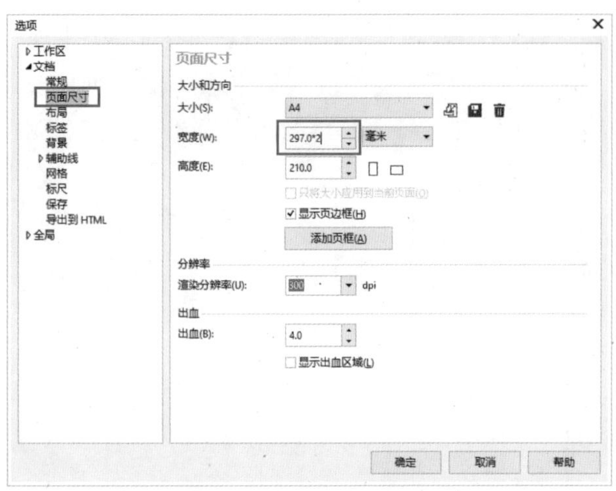

图 4-9　设置页面尺寸

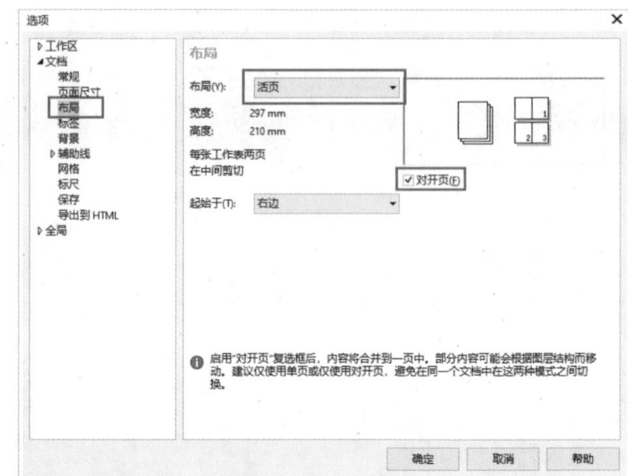

图 4-10　设置页面布局

设置好的跨页布局在编辑栏中的视觉效果如图 4-11 所示。

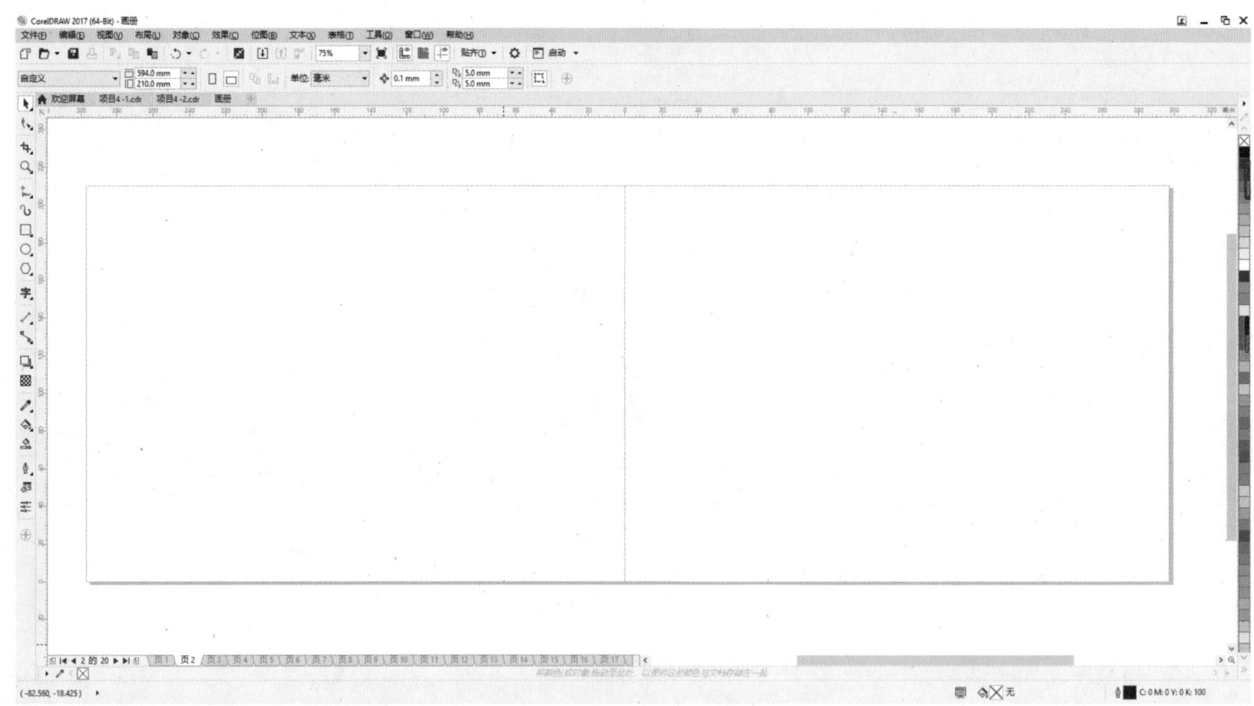

图 4-11　设置好的跨页布局

设置好页面后，可以将需要用到的文字相应地放置到各个页面上，安排好相应的页面内容。如图 4-12 所示。

文字内容安排完成后，可以通过画面整体空间的展示比例规划每一页面的图文配比，完成草图的设计。如图 4-13 所示。

图 4-12　将文字放置到相应的各个页面上

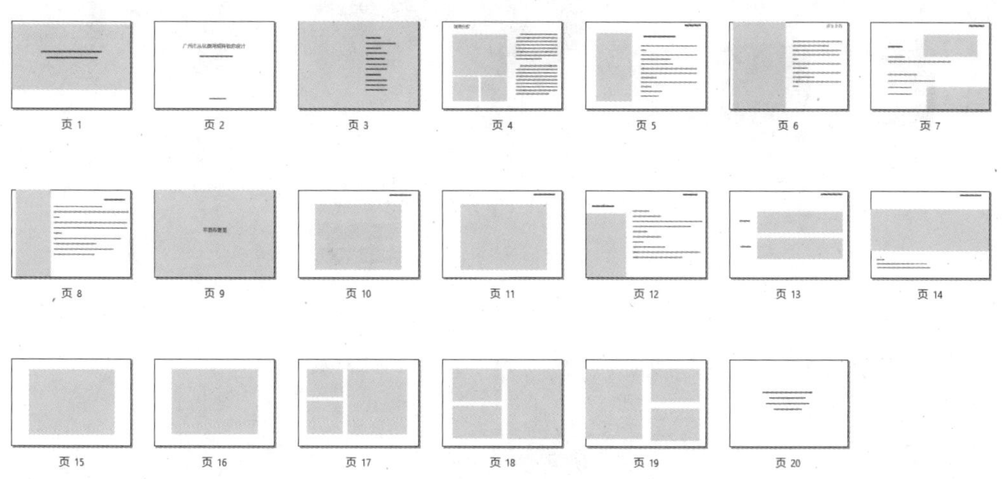

图 4-13　完成草图设计

4. 确定设计风格

完成设计草图后，需要确定设计风格，假定设计风格是欧式装修风格，可以通过以下排版元素的设计来展现欧式版式设计风格。

（1）字体。

欧式排版设计风格在字体选择上以装饰性字体为主，给人一种精美、奢华的感觉。英文字体可选用罗马体的【Adobe Garamond Pro】字体，中文字体选择同样具有装饰性的【微软简体宋】字体。如图 4-14 所示。

中文字体

微软简体宋

欧式风格空间设计图册编排使用中文字体

英文字体

Adobe Garamond Pro

English font for European style space design album Typesetting

图 4-14　欧式风格字体选择

（2）色彩。

色彩方面可考虑采用能展现欧洲宫廷风格的颜色，主色用金、银、铜、灰、绿、棕色等。如图 4-15 所示。

（3）版式。

欧式风格是一种来自欧洲大陆的风格，具有古典主义特色和浪漫主义气息。文字排列多为横排且居中对齐。版面设计要强化标题，增大行距，给人大气、庄严、权威的感觉。如图 4-16 所示。

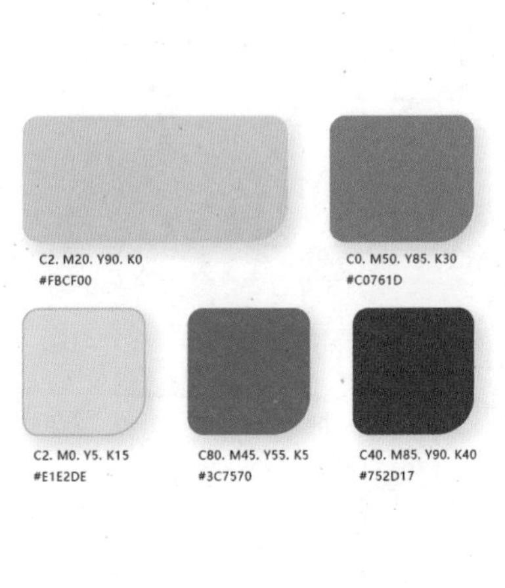

图 4-15　欧式风格色彩选择

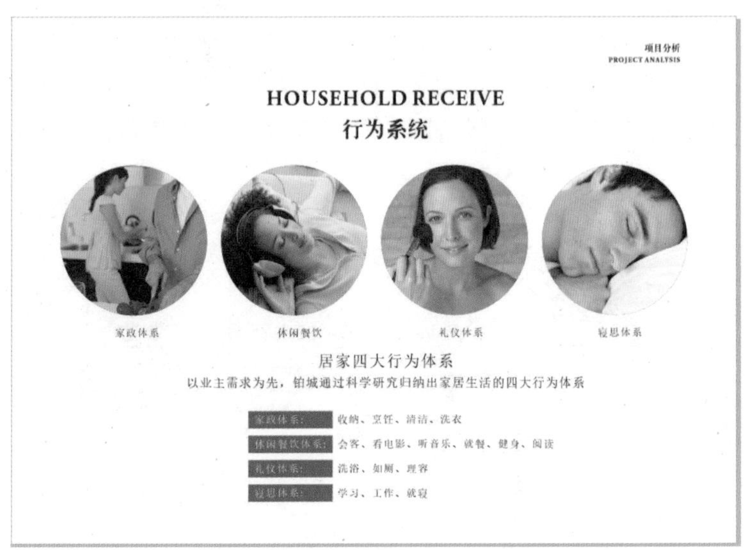

图 4-16　欧式风格的版式排版

（4）符号。

欧式风格版面设计常用精美、繁复的欧式花边纹样来修饰与点缀版面。如图 4-17 所示。

（5）图片。

欧式风格图册的配图主要选用具有奢华、典雅、浪漫等特点的图片。如图 4-18 所示。

（三）最终图册效果

经过细节调整，最终欧式风格版式图册效果如图 4-19 所示。

图 4-17　欧式风格符号

图 4-18　欧式风格图片

页 1　页 2　页 3　页 4

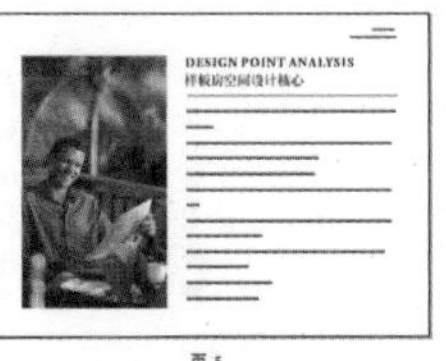

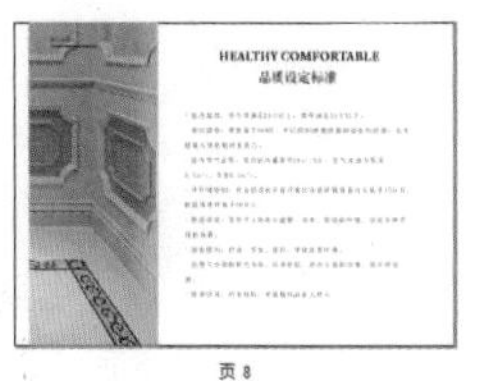

页 5　页 6　页 7　页 8

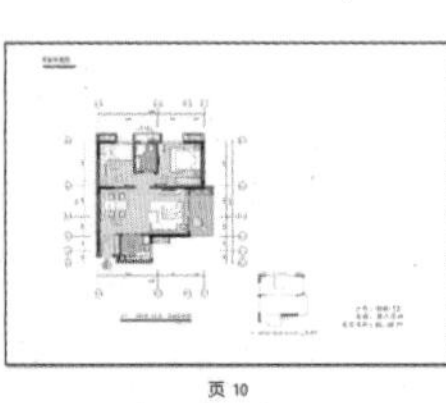
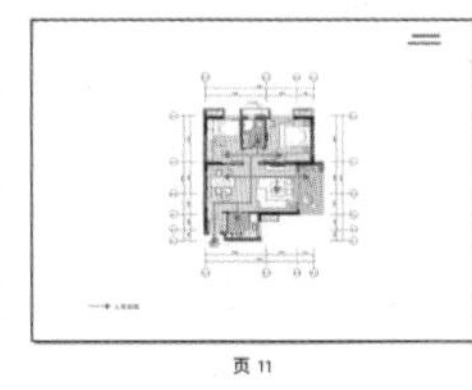
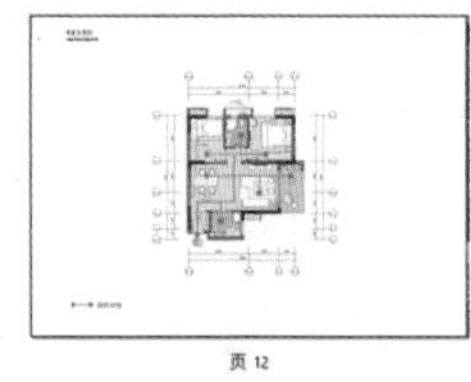

页 9　页 10　页 11　页 12

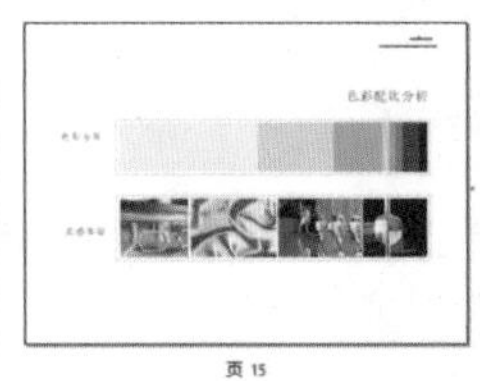

页 13　页 14　页 15　页 16

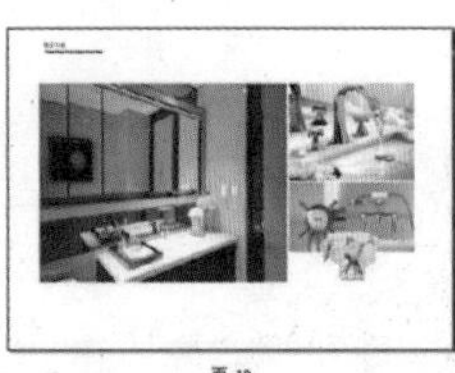

页 17　页 18　页 19　页 20

图 4-19　欧式风格图册效果

三、学习任务小结

本节课主要学习了家居空间欧式风格图册设计与编排的流程和方法。用一个较为完整的案例让同学们了解了完成一本室内设计图册的设计思路和制作过程，通过课堂上理实一体的讲解与练习，同学们已经初步掌握了基础的家居空间图册设计与制作的方法。课后，希望大家认真完成拓展任务，举一反三，巩固本节课所学的知识和技能，提升综合能力。

四、课后作业

（1）收集 20 个空间设计图册版式编排的设计案例，并按照不同风格进行分类。

（2）参照本节课任务实施的组织形式，设计中式风格空间设计图册。

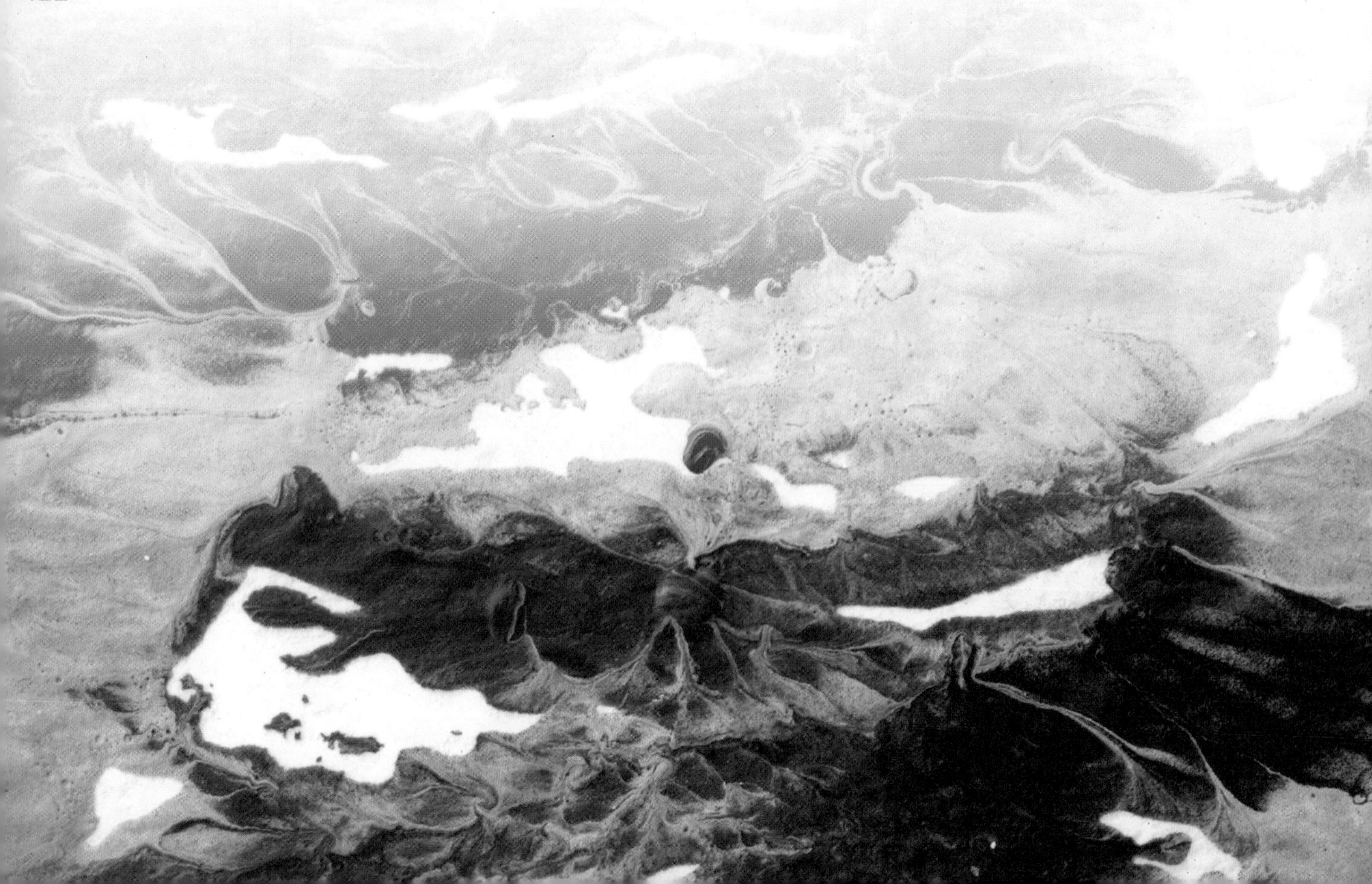

商业空间设计图册编排案例实训

教学目标

（1）专业能力：掌握商业空间图册的设计技巧和编排方法，能根据商业空间装修风格选择合适的风格、色彩、元素进行图册设计。

（2）社会能力：观察不同的商业空间的设计风格，学会针对不同的用户群体和客户需求进行图册的设计和编排。

（3）方法能力：查阅商业空间的图册编排案例，认真倾听，勤于思考，课堂上主动参与案例设计，课后多参与专业实践。

学习目标

（1）知识目标：了解商业空间的设计风格，掌握不同风格的商业空间图册的编排方法。

（2）技能目标：能运用 CorelDRAW2017 软件进行商业空间图册的编排。

（3）素质目标：培养细致观察、自主学习、举一反三、团队协作的能力。

教学建议

1. 教师活动

展示优秀的商业空间图册，讲解和示范商业空间图册设计与编排的方法。

2. 学生活动

认真观看教师示范商业空间图册设计与编排的方法，并在教师的指导下进行项目实训。

一、学习问题导入

设计图册是室内设计思维的高度概括，在明确了商业空间的设计风格和设计定位后，就可以制作商业空间图册，方便室内设计师用系统的设计概念来更好地传达设计理念。下面以中山希尔顿欢朋酒店的图册编排为例，讲解其编排方法。

二、学习任务讲解

希尔顿欢朋酒店是国内轻奢酒店中认可度较高的一个品牌，近几年在国内的发展速度以及签约率稳步上升。希尔顿欢朋酒店在色彩上强调多彩空间概念，以暖色为主色调，通过色彩的对比效果体现空间的层次感，让空间充满活力和生机，给客人以温馨、舒适、青春活泼的感觉。

中山希尔顿欢朋酒店总体设计风格清新明快、热情活泼，在设计上还融入当地人文特色，例如在设计立面造型时，将桥的斜拉索道作为造型元素运用于天花和立面的造型设计。在客房的设计上，沿用希尔顿欢朋国际标准的同时，床背板以及洗手间门板的装饰画均选用了当地地标建筑的艺术化作品。

中山希尔顿欢朋酒店设计图册展示如图 4-20 ～图 4-39 所示。

图 4-20　封面

CATALOGUE
目录
CATALOGUE
SPATIAL ANALYSIS
1. | 项目分析
DESIGN CONCEPT
2. | 设计阐述
PROJECT PLANNING
3. | 平面规划
CONCEPTUAL PLAN
4. | 空间概念
JAJ 廣東建安居集团有限公司
GUANGDONG JAJ GROUP CO., LTD.
Hampton by Hilton

图 4-21　目录页

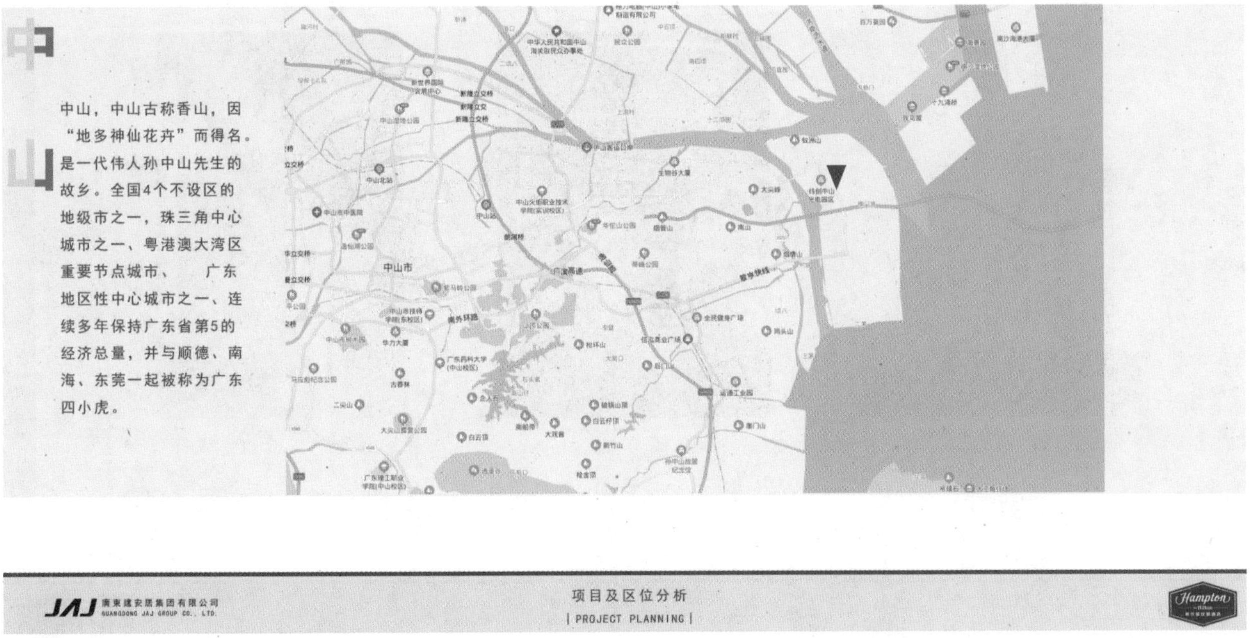
中山
中山，中山古称香山，因“地多神仙花卉”而得名。是一代伟人孙中山先生的故乡。全国4个不设区的地级市之一，珠三角中心城市之一、粤港澳大湾区重要节点城市、广东地区性中心城市之一、连续多年保持广东省第5的经济总量，并与顺德、南海、东莞一起被称为广东四小虎。
中山市
JAJ 廣東建安居集团有限公司
GUANGDONG JAJ GROUP CO., LTD.
项目及区位分析
| PROJECT PLANNING |
Hampton by Hilton

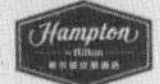

图 4-22　区位分析图

深中通道是世界级的“桥、岛、隧、地下互通”集群工程，连接广东自贸区三大片区、沟通珠三角“深莞惠”与“珠中江”两大功能组团的重要交通纽带

本案以“互通”为设计灵感的起点，从自然中提取元素，深究自然与建筑的关系。

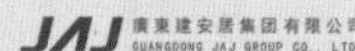

图 4-23　设计理念

元 素 提 炼

图 4-24　元素提炼

广東建安居集团有限公司 GUANGDONG JAJ GROUP CO., LTD.　硬装材质

图 4-25　材料分析

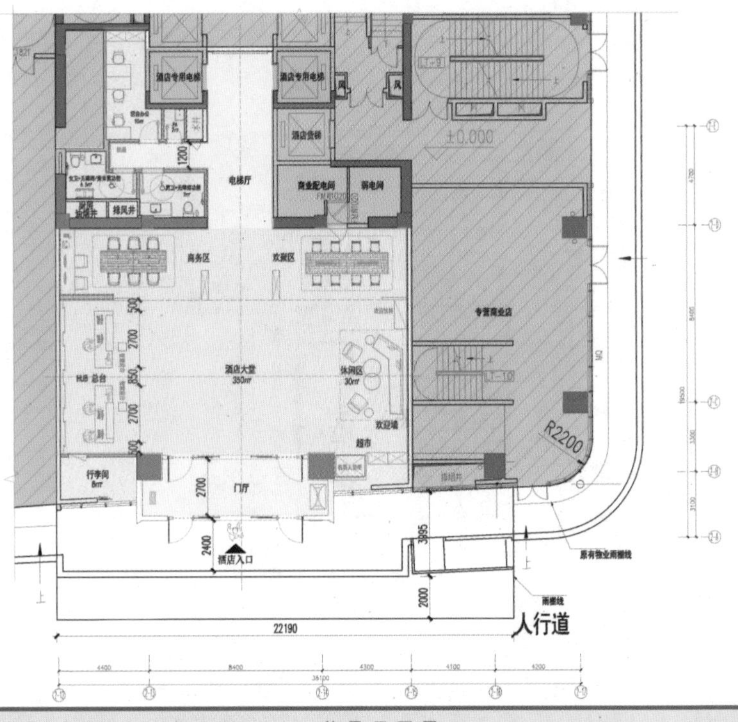

广東建安居集团有限公司 GUANGDONG JAJ GROUP CO., LTD.　首层平面图

图 4-26　首层平面图

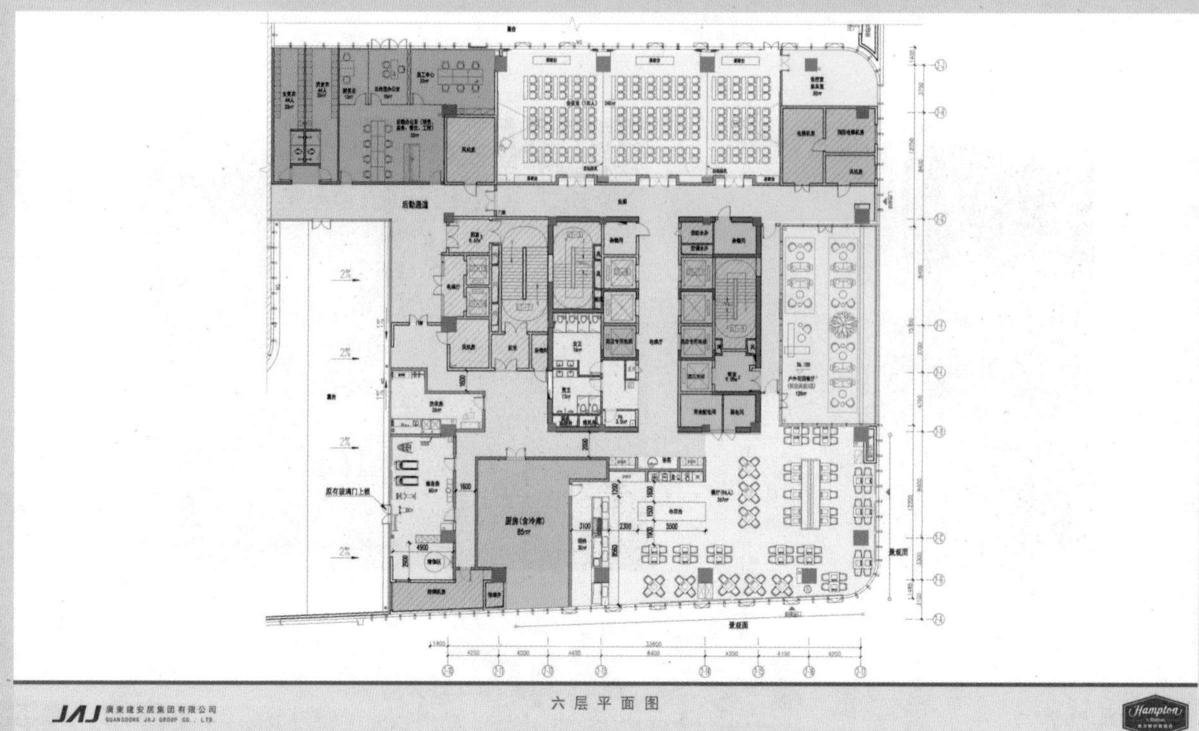

图 4-27　六层平面图

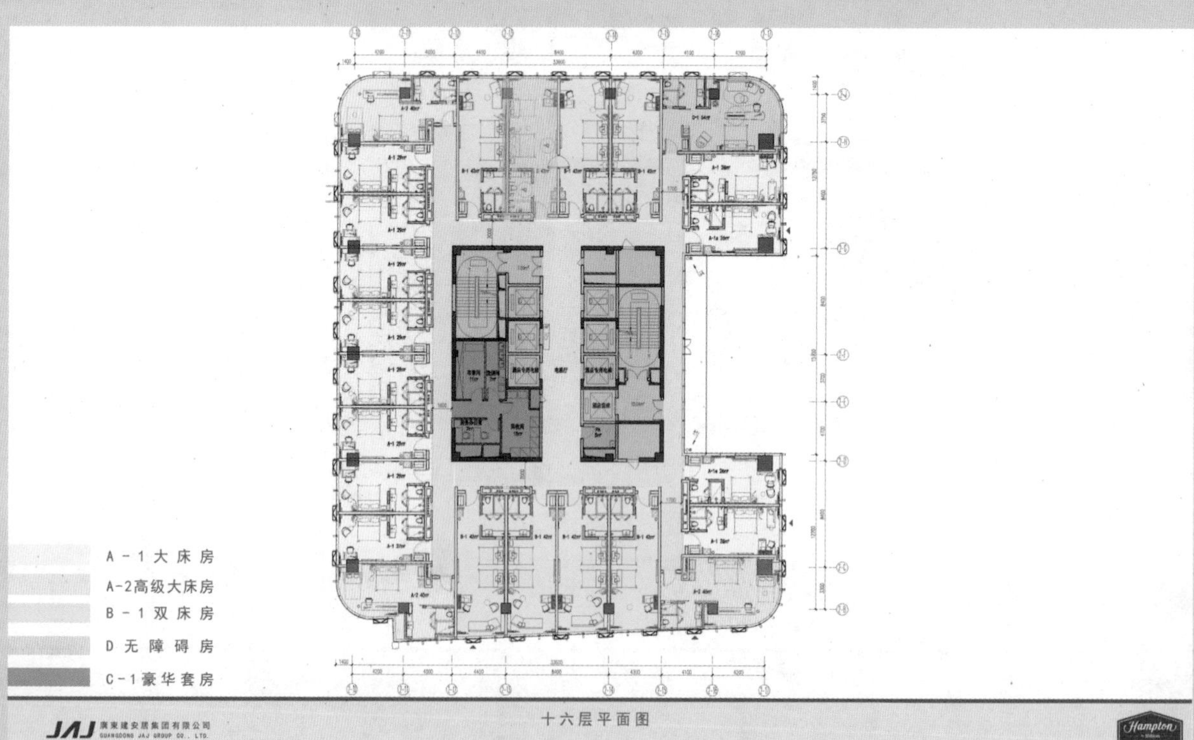

图 4-28　十六层平面图

图 4-29　酒店大堂设计意向图

图 4-30　商务区设计意向图

图 4-31　餐厅设计意向图

图 4-32　会议室设计意向图

JAJ 廣東建安居集团有限公司 GUANGDONG JAJ GROUP CO., LTD.

健身房概念

图 4-33　健身房设计意向图

JAJ 廣東建安居集团有限公司 GUANGDONG JAJ GROUP CO., LTD.

酒店大堂效果图

图 4-34　酒店大堂设计效果图

JAJ 廣東建安居集团有限公司 GUANGDONG JAJ GROUP CO., LTD.

自助餐区效果图

图 4-35　自助餐厅设计效果图

JAJ 廣東建安居集团有限公司 GUANGDONG JAJ GROUP CO., LTD.

商务区和洗衣房效果图

图 4-36　商务区和洗衣房设计效果图

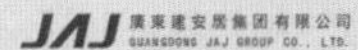

健身房效果图

图 4-37　健身房设计效果图

客房效果图

图 4-38　客房设计效果图 1

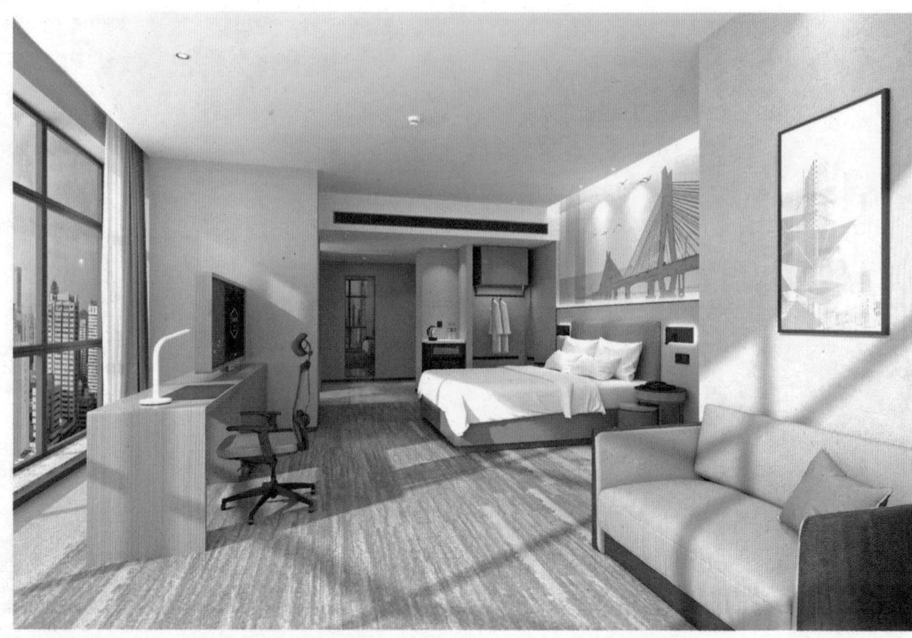

图 4-39　客房设计效果图 2

三、学习任务小结

本项目用一个较为完整的案例让同学们了解一套商业空间图册的编排和制作过程，全面展示了商业空间设计图册的具体内容。课后，希望大家能举一反三，巩固所学的知识和技能，提升图册的综合制作能力。

四、课后作业

制作餐饮空间设计图册一套。

参考文献

[1] 瞿颖健 . 中文版 CorelDRAW 2020 从入门到精通 [M]. 北京：中国水利水电出版社，2021.

[2] 周媛媛 . 中文版 CorelDRAW 图形创意与制作实例精讲 [M]. 北京：北京希望电子出版社，2015.

[3] Adobe 公司 . Adobe illustrator CS6 中文版经典教程 [M]. 武传海，译 . 北京：人民邮电出版社，2014.

[4] 高桥佑磨，片山夏 . 超越平凡的版式设计：解密版式设计的四大法则 [M]. 林莉莉，译 . 北京：人民邮电出版社，2017.

[5] 朱宏，魏怀明 .CorelDRAW X6 图形设计案例教程 [M]. 北京：人民邮电出版社，2015.

[6] 崔英敏，黄艳兰 .Photoshop+CorelDRAW 平面设计实例教程 [M].2 版 . 北京：人民邮电出版社，2013.

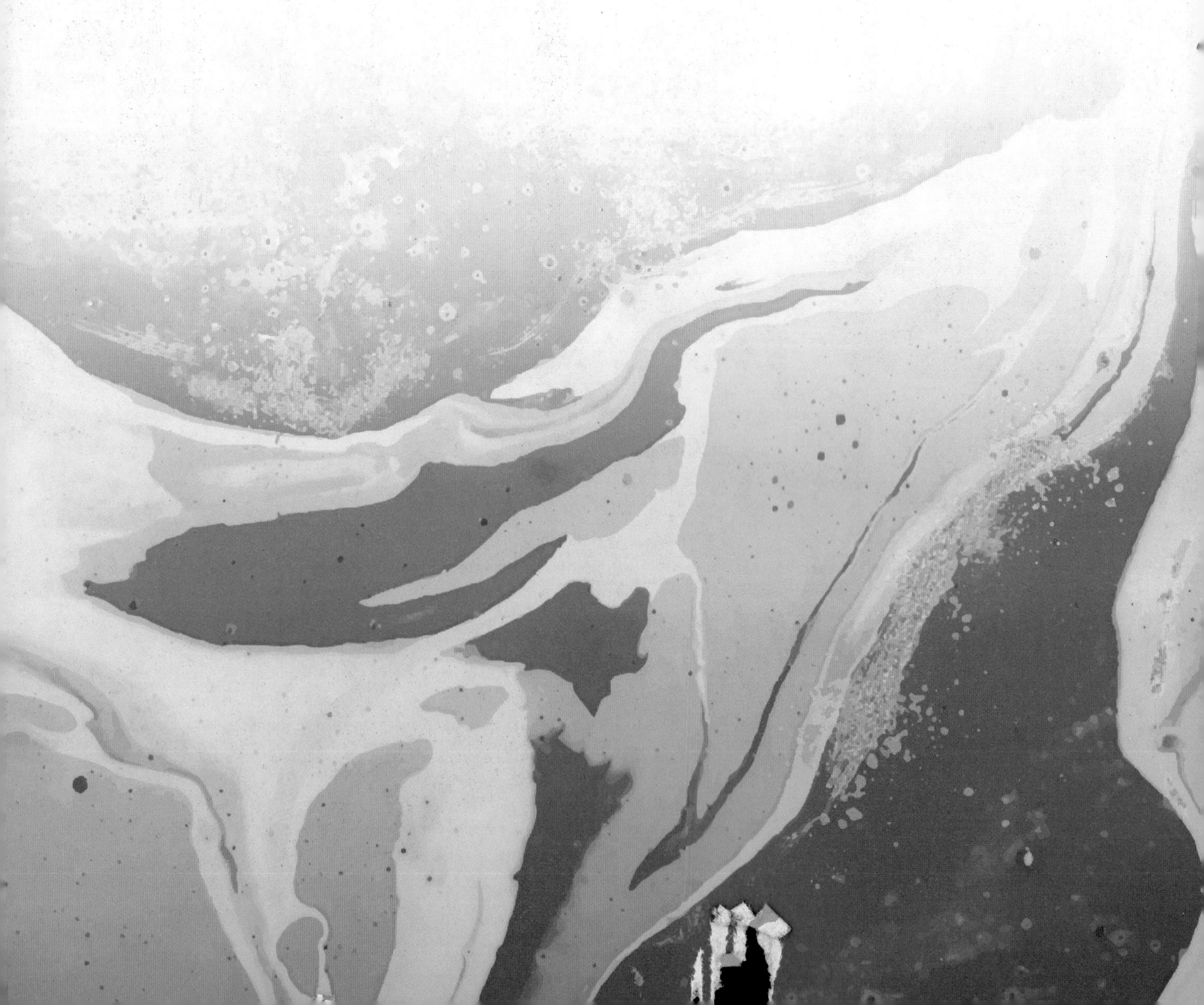